Theodor Brauer

Mittelstandspolitik

Historisches Wirtschaftsarchiv

Theodor Brauer

Mittelstandspolitik

1. Auflage | ISBN: 978-3-86383-288-9

Erscheinungsort: Paderborn, Deutschland

Erscheinungsjahr: 2015

Historisches Wirtschaftsarchiv ist ein Imprint der Salzwasser Verlag GmbH, Paderborn.

Nachdruck des Originals von 1927.

GRUNDRISS

DER

SOZIALÖKONOMIK

BEARBEITET

VON

G. ALBRECHT, TH. BRAUER, G. BRIEFS, C. BRINKMANN, TH. BRINKMANN, K. BÜCHER, J. ESSLEN, F. EULENBURG, E. GOTHEIN, FR. VON GOTTL-OTTLILIEN-FELD, K. GRÜNBERG, F. GUTMANN, H. HAUSRATH, E. HEIMANN, H. HERKNER, A. HETTNER, J. HIRSCH, H. HOENIGER, E. JAFFE, E. LEDERER, A. LEIST, FR. LEIT-NER, W. LOTZ, J. MARSCHAK, H. MAUER, R. MICHELS, K. MILLER, P. MOLDENHAUER, P. MOMBERT, G. NEUHAUS, H. NIPPERDEY, K. OLDENBERG, L. PESL, E. VON PHILIPPOVICH, A. SALZ, K. SCHMIDT. G. VON SCHULZE-GAEVERNITZ, H. SCHU-MACHER, J. SCHUMPETER, E. SCHWIEDLAND, H. SIEVEKING, W. SOMBART, E. STEINITZER, O. SWART, TH. VOGELSTEIN, K. VON VÖLCKER, ADOLF WEBER, ALFRED WEBER, MAX WEBER, E. WEGENER, M. R. WEYERMANN, K. WIEDENFELD. FR. FREIHERRN VON WIESER, R. WILBRANDT, W. WITTICH, W. WYGODZINSKI. O. VON ZWIEDINECK-SÜDENHORST

IX. ABTEILUNG

Das soziale System des Kapitalismus

II. Teil

Die autonome und staatliche soziale Binnenpolitik im Kapitalismus

GRUNDRISS

DER

SOZIALÖKONOMIK

BEARBEITET

VON

G. ALBRECHT, TH. BRAUER, G. BRIEFS, C. BRINKMANN, TH. BRINKMANN,
K. BÜCHER, J. ESSLEN, F. EULENBURG, E. GOTHEIN, FR. VON GOTTL-OTTLILIEN-
FELD, K. GRÜNBERG, F. GUTMANN, H. HAUSRATH, E. HEIMANN, H. HERKNER,
A. HETTNER, J. HIRSCH, H. HOENIGER, E. JAFFE, E. LEDERER, A. LEIST, FR. LEIT-
NER, W. LOTZ, J. MARSCHAK, H. MAUER, R. MICHELS, K. MILLER, P. MOLDENHAUER,
P. MOMBERT, G. NEUHAUS, H. NIPPERDEY, K. OLDENBERG, L. PESL, E. VON
PHILIPPOVICH, A. SALZ, K. SCHMIDT, G. VON SCHULZE-GAEVERNITZ, H. SCHU-
MACHER, J. SCHUMPETER, E. SCHWIEDLAND, H. SIEVEKING, W. SOMBART,
E. STEINITZER, O. SWART, V. TOTOMIANZ, TH. VOGELSTEIN, K. VON VÖLCKER,
ADOLF WEBER, ALFRED WEBER, MAX WEBER, E. WEGENER, M. R. WEYERMANN,
K. WIEDENFELD, FR. FREIHERRN VON WIESER, R. WILBRANDT, W. WITTICH,
W. WYGODZINSKI, O. VON ZWIEDINECK-SÜDENHORST

IX. ABTEILUNG

Das soziale System des Kapitalismus

II. Teil

Die autonome und staatliche soziale Binnenpolitik
im Kapitalismus

GRUNDRISS

DER

SOZIALÖKONOMIK

IX. ABTEILUNG

Das soziale System des Kapitalismus

II. Teil

Die autonome und staatliche soziale Binnenpolitik im Kapitalismus

MIT BEITRÄGEN

VON

TH. BRAUER, E. LEDERER, J. MARSCHAK, K. SCHMIDT, O. SWART,
V. TOTOMIANZ, A. WEBER, R. WILBRANDT, W. WYGODZINSKI

Das Recht der Uebersetzung in fremde Sprachen
behält sich die Verlagsbuchhandlung vor.

Druck von H. Laupp jr in Tübingen

Inhalt.

	Seite
Abkürzungen	VI
I. Bauernschutzpolitik. Von Karl Schmidt	1
II. Innere Kolonisation. Von Otto Swart	33
III. Genossenschaftswesen. Von Willy Wygodzinski und Vahan Totomianz	79
IV. Die Klassen auf dem Arbeitsmarkt und ihre Organisationen. Von Emil Lederer und Jakob Marschak	106
V. Arbeiterschutz. Von Emil Lederer und Jakob Marschak	259
VI. Sozialversicherung. Von Emil Lederer	320
VII. Mittelstandspolitik. Von Theodor Brauer	368
VIII. Kapitalismus und Konsumenten. Konsumvereinspolitik. Von Robert Wilbrandt	411
IX. Caritätspolitik. (Fürsorge und Wohlfahrtspflege.) Von Adolf Weber	457
Register	519

VII.

Mittelstandspolitik.

Von

Theodor Brauer.

Inhaltsübersicht.

Seite

Literatur 369

1. Begriffliches 369

2. Stadtwirtschaftliche Mittelstandspolitik 371

3. Neuzeitliche Mittelstandspolitik 374

    A. Das Handwerk 375

        a) Die Vorkriegszeit 375

        b) Die Kriegs- und Nachkriegszeit 381

    B. Der Handel (Detail-, Einzel-, Kleinhandel) 389

        a) Vor dem Kriege 389

        b) In und nach dem Kriege 395

    C. Sonstige Mittelstandsgruppen 397

        a) Die Grund- und Hausbesitzer 398

        b) Die freien Berufe 398

        c) Die Kleinrentner 400

    D. Allgemeine Mittelstandsvereinigungen 401

4. Ausblick 407

Literatur.

Von den großen Lehrbüchern der Nationalökonomie wurden vorwiegend zu Rate gezogen: P e s c h , Lehrbuch der Nationalökonomie III. Bd. (²1926) und S c h m o l l e r , Grundriß der allgemeinen Volkswirtschaftslehre I (1908), II (1904). Daneben S o m b a r t , Der moderne Kapitalismus I, 1⁴ und II, 2⁴ (1921). Außerdem sind berücksichtigt die einschlägigen Artikel (über Gewerbevereine, Handel, Handelspolitik, Handwerk, Innung, Mittelstandsbewegung, Zunftwesen usw.) im Handwörterbuch der Staatswissenschaften (möglichst in der Fassung der in Erscheinung begriffenen neuesten Aufl.) und im Wörterbuch der Volkswirtschaft. Zum Vergleich und zur Ergänzung heranzuziehen ist der Beitrag über Mittelstandsfragen von P e s l im G. d. S. IX, 1. An Spezialliteratur sei erwähnt: B ü c h e r , Beiträge zur Wirtschaftsgeschichte (1922). — B e y t h i e n , Der deutsche Kleinhandel im Lichte der neueren Zeit (1910). — E n g e l , Detaillistenfragen (1905). — F e u c h t w a n g e r , Die freien Berufe, im besonderen die Anwaltschaft. Versuch einer allgemeinen Kulturwirtschaftslehre (1922). — J ü n g e r , Katholisch-sozialistische Mittelstandsbewegung (1918). — L e d e r e r , Die sozialen Organisationen (1922). — L ü b b e r i n g , Berufsständische Gemeinschaftsarbeit im rheinisch-westfälischen Handwerk (1919). — D e r s., Selbstverwaltung des Handwerks im Volksstaate (1919). — D e r s., Der Kleinhandel nach dem Frieden (1919). — M e u r e r , Das deutsche Tischlergewerbe (1920). — M ü f f e l m a n n , Die moderne Mittelstandsbewegung. — R i c h l , Die bürgerliche Gesellschaft (1854). — S c h o p h a u s , Der organisierte handwerkliche und kaufmännische Mittelstand der Stadt Buer (1922). — S c h ü r h o l z , Entwicklungstendenzen im deutschen Wirtschaftsleben zu berufsständischer Organisation und ihre soziale Bedeutung (1922). — S t i e d a , Die Mittelstandsbewegung, in Conrads Jahrbüchern 1905, Heft 1. — W e r n i c k e , Kapitalismus und Mittelstandspolitik (²1922). — D e r s., Wandlungen und neue Interessenorganisationen im Detailhandel (1908). — W i r m i n g h a u s , Wirtschaftliche Verhältnisse und Entwicklungstendenzen im Kleinhandel, in den Preuß. Jahrbüchern 1910, Bd. 141. — Teilweise benutzt wurde die reichhaltige Literatur, die als „Schriften der badischen Handwerkskammern" von dem organisierten badischen Handwerk veröffentlicht wurde und wird; ferner die einschlägige Zeitschriftenliteratur, soweit erreichbar; dann die Protokolle der Internationalen Mittelstandskongresse, das Reichsarbeitsblatt, und endlich die Schriften des Vereins für Sozialpolitik, soweit sie irgendwie die Erörterung befruchten konnten, namentlich die Protokolle der Verhandlungen vom Jahre 1899 und vom Jahre 1922.

1. Begriffliches.

Der Mittelstand ist mit o b j e k t i v e n Kriterien allein nicht zu fassen, namentlich nicht mit solchen, die ausschließlich aus der W i r t s c h a f t herrühren. In dem Ausdruck „Mittelstand" zieht vielmehr das Wort „S t a n d" durchweg zugleich ein s u b j e k t i v e s Bekenntnis oder aber einen g e s e l l s c h a f t l i c h e n Anspruch nach sich, was besonders bei Besprechung der Mittelstands p o l i t i k nicht außer Betracht bleiben darf. Das objektiv und subjektiv Gesellschaftliche tritt in dem Maße mehr hervor als gewisse wirtschaftliche Merkmale durch die Entwicklung etwas in den Hintergrund gerückt werden. Veranlassung dazu bietet schon das Aufkommen des sogenannten n e u e n Mittelstandes, wozu besonders die Privatbeamten mit einer gewissen Vorbildung und höherem Einkommen gerechnet werden. Von stärker einschneidender Wirkung aber ist die mit dem Weltkriege und nach demselben eingetretene Einkommens- und Besitzverschiebung, welche die frühere „Mittelstellung" der sich zum Mittelstand rechnenden Schichten in w i r t s c h a f t l i c h e r Hinsicht großenteils erschüttert und ihre hergebrachte Lebenshaltung vielfach in Frage gestellt hat. Jedenfalls ist in einer Zeit, in der sich wirkliche oder vermeintliche Staatsinteressen der Aufrechterhaltung der Ruhe unter den M a s s e n durch begünstigende Einflußnahme auf deren Lohn- und Gehaltsbedürfnisse besonders dienstbar machen, manche „mittleren" Existenzen dagegen ihr Einkommen wesentlich unter die von diesen behauptete Grenze gedrückt sehen, mit dem Kennzeichen eines „mittleren Einkommens" wenig anzufangen. Sieht man sodann von den bäuerlichen Verhältnissen ab, so kann ebensowenig der „Besitz" als principium divisionis funktionieren in einer Zeit, wo in so ungeheurem Umfange ererbter oder erworbener Besitz den Ernährungssorgen geopfert werden mußte, zumal solange die spekulative die produktive Leistung verdrängte, wo sodann der Besitz als solcher in nie gekanntem Maße mobilisiert und unaufhörlich umgewertet oder entwertet wurde und die Rechtswirksamkeit der Gemeinschaft fast nur noch rein formalistisch auftrat, nicht aber im soziologischen Sinne eines Ausgleichs. So schwindet jener Begriff des Mittelstandes dahin, von dem S o m b a r t spöttisch bemerkt, man wolle damit alle diejenigen Einwohner eines Landes zu einer Einheit zusammenfassen, die „gleich weit entfernt von den Extremen" ein geruhsames Leben führen: „wohltemperiert, nicht zu warm, nicht zu kalt, nicht zu hoch, nicht zu niedrig, nicht zu reich, nicht zu arm; gemäßigt in Begierden, Gefühlen, Ansichten, Strebungen". In den Mittelpunkt rückt nunmehr mit viel größerer Wucht ein anderes kennzeichnendes Moment, dasjenige der S e l b s t ä n d i g k e i t. Während S c h m o l l e r, ausgehend von den Verhältnissen der Vorkriegszeit, zum Mittelstand alle diejenigen zählt, welche ein eigenes Geschäft oder eine sichere Anstellung, einen Grundbesitz bis zu 50 ha, ein Einkommen von 2700—8000 Mk., ein Vermögen bis zu 100 000 Mk. besitzen, hat P e s c h, dem schon die Verhältnisse der Nachkriegszeit vor Augen standen, gerade das Moment der Selbständigkeit als wirtschaftliche und soziale Kategorie mehr oder weniger ausschließlich in den Vordergrund gerückt. Er unterscheidet innerhalb der drei großen Produktivstände, Landwirtschaft, Gewerbe und Handel, je eine obere, mittlere und untere Schicht. Der Mittelstand (im alten Sinne) ist nach ihm die mittlere Schicht der verschiedenen Produktivstände zu einer Einheit verbunden, wodurch alle durch eigene Betriebe wirtschaftlich selbständigen oder auf dem Wege zur Selbständigkeit befindlichen Glieder jener mittleren Schichten umfaßt werden. Dieser Mittelstand unterscheidet sich nach oben von dem Großgrundbesitz, der Großindustrie, dem Großhandel, nach unten von den dauernd gegen Lohn oder Gehalt beschäftigten Personen. Der heutige Mittelstand im eigentlichen Sinne umfaßt nach P e s c h die produktiven Mittelklassen selbständiger Vertreter der mittel- und kleinbetrieblichen Wirtschaftsstruktur, die Bauern, Handwerker, Detaillisten.

Wenn man an einer Trennung von altem und neuem Mittelstand festhält, was im Hinblick auf die soziologische Klarheit berechtigt ist, so wird man kaum ein anderes Kriterium von gleicher Unterscheidungskraft ausfindig machen können als dasjenige der Selbständigkeit. Nur ist mit der Mittelschicht in Landwirtschaft, Gewerbe und Handel der Begriff des (alten) Mittelstandes nicht erschöpft. Wohl wird man jene Mittelschicht als das Rückgrat des Mittelstandes bezeichnen dürfen. Als fernerer Bestandteil dieses gewerblichen Mittelstandes treten jedoch immer bestimmter die Haus- und Grundbesitzer. Wichtiger aber ist ohne Zweifel eine gewisse Verstärkung der Front des Mittelstandes durch das immer stärker ausgesprochene „mittelständische" Wollen und Vorgehen von Angehörigen freier Berufe, wie der Aerzte, Rechtsanwälte, Schriftsteller, Künstler usw. Auch diese Schichten sind als selbständige Wirtschaftsexistenzen anzusprechen, deren Existenzgrundlage in mancher Hinsicht ähnlichen Entwickelungen unterliegt wie jene der gewerblichen Mittelstandsschichten, wenn sich auch ihre Tätigkeit als eine vorwiegend geistige wesentlich von derjenigen der letzteren Schichten unterschiedet. Es war sonst vielfach üblich, die gebildete „Oberschicht" zusammen mit einigen anderen Schichten als „Bourgeoisie" besonders herauszuheben, um alsdann den Bereich des Mittelstandes auf die Schichten zwischen dieser Bourgeoisie und der Masse der Lohnarbeiter zu beschränken. In neuerer Zeit wird jedoch als Bourgeoisie meist nur noch die Klasse der Großunternehmer in Industrie und Handel sowie der Großgrundbesitz angesprochen. Als einigendes Band zwischen dem gewerblich und dem vorwiegend geistig tätigen Mittelstand ist anzusehen einmal, daß sie sich in mancher Hinsicht in ähnlicher Stellung dem „Konsumenten" gegenüber befinden und sodann, daß die Erhaltung ihrer Selbständigkeit als ein Gebot der Kultur in der hergebrachten Auffassung des Wortes proklamiert wird. Daß bei all dem manche Unklarheit und Verschwommenheit unterläuft, soll nicht verschwiegen werden. Bewußt oder unbewußt schwebt den Vertretern eines so sich zusammenschließenden Mittelstandes eine Anschauung von diesem Stande vor, wie sie etwa W. H. R i e h l vertrat, indem er den Mittelstand als den M i t t e l p u n k t bezeichnete, „darin alle Radien des gesellschaftlichen Lebens zusammenlaufen". Auf d a s V e r m i t t e l n d e u n d V e r s ö h n e n d e kommt es ihm vor allem bei diesem Stande an, den er eben wegen der in ihm vermittelten Gegensätze (wie zwischen dem Kleingewerbe und jener höchsten Geistesarbeit der wissenschaftlichen und der künstlerischen Beschäftigung) den „Mittel"stand nennt und der ihm der „Mikrokosmus unserer g e g e n w ä r t i g e n Gesellschaft" ist. In der Betonung ihrer zentralen Bedeutung für die gegenwärtige, d. i. die „bürgerliche" Gesellschaft schlingt sich zweifellos auch heute ein geistiges Band um die verschiedenen Schichten, die auf die Zugehörigkeit zum alten Mittelstand Anspruch erheben. Die bäuerliche Mittelschicht steht in der Hauptsache außerhalb dieser Beziehungen; da sie auch sonst ihr⸗ ganz eigen gearteten Interessen hat, kann sie bei einer Betrachtung des Mittelstandes, die sich auf die vorerwähnten allgemeinen Kriterien stützt, ausscheiden.

Im folgenden gelten daher als Mittelstand d i e s e l b s t ä n d i g e n H a n d-w e r k e r u n d D e t a i l l i s t e n, d i e H a u s- u n d G r u n d b e s i t z e r s o w i e i m a l l g e m e i n e n d i e f r e i e n B e r u f e, wie die Aerzte, Rechtsanwälte, Schriftsteller, Künstler usw.

Unter „M i t t e l s t a n d s p o l i t i k" sind alle die Maßnahmen zu verstehen, die sich die Wahrnehmung der besonderen Interessen der genannten Schichten als eine auf Gemeinschaftszwecke gerichtete schöpferische Tat zum Ziele setzen, sei es nun, daß diese Maßnahmen von öffentlichen Körperschaften aus ergriffen werden, sei es, daß sie auf dem Wege der Selbstverwaltung durch geschlossene Verbände der Beteiligten selber erfolgen. A l s Z i e l d e r M i t t e l s t a n d s p o l i t i k k a n n g a n z a l l g e m e i n d i e E r h a l t u n g v i e l e r s e l b s t ä n d i g e r E x i s t e n z e n b e i i h r e r „N a h r u n g" a n g e s p r o c h e n w e r d e n.

2. Stadtwirtschaftliche Mittelstandspolitik.

Von einer Politik der Erhaltung selbständiger Existenzen in Gewerbe und Handel kann natürlich im Altertum mit seinen Begriffen von Unfreiheit der gewerblichen Arbeit nicht die Rede sein. Mittelstandspolitik taucht daher zuerst unter den Verhältnissen der mittelalterlichen Stadtwirtschaft auf, deren Kern das selbständige Handwerk bildet. Die Mittelstandspolitik der Stadtwirtschaft ist durch das organische Ineinandergreifen der Wirtschaftspolitik der Städte und der wirtschaftlichen Betätigung der Zünfte gekennzeichnet. Ihre gemeinsame Grundlage ist das B e d a r f s-d e c k u n g s p r i n z i p im Sinn, wie es in der Literatur einerseits durch S o m-b a r t, andererseits durch P e s c h umschrieben worden ist. Die Städte sind bemüht, den städtischen Bürgern ihren Nahrungsspielraum zu sichern. Diese Sorge kommt zumeist dem H a n d w e r k, als dem eigentlichen Repräsentanten des Mittelstandes, zugute. Wohlfahrt der Handwerker und Wohlfahrt der Stadt wurde in umfassender Weise gleichgesetzt. Das bleibt bestehen trotz all der zum Teil beträchtlichen Ausnahmen von der handwerksmäßigen Form des Gewerbebetriebes, die im Laufe der Zeit für das Mittelalter festgestellt worden sind. Das Handwerk verlieh, wie sich S o m b a r t ausdrückt, der Gesamtstruktur des gewerblichen Lebens ihr eigentümliches Gepräge. Das Handwerk war nicht nur die vorherrschende, sondern die fast ausschließlich herrschende Wirtschaftsform. Und darum ist die Wirtschaftspolitik der mittelalterlichen Städte überwiegend, wenn nicht fast ausschließlich, Handwerkspolitik oder in unserem Sinne Mittelstandspolitik. Die Stadt sorgt durch ihre Abschließungspolitik für Erhaltung und Kräftigung des einheimischen Handwerks. Alles mögliche wird unternommen, um auf einen steten Ausgleich zwischen Angebot und Nachfrage hinzuwirken. Der Wettbewerb wird in das Innere der Gewerbe hineingedrängt; auswärtiger Wettbewerb wird nur soweit zugelassen, als er dem einheimischen Gewerbe nützlich zu sein verspricht. Durch tiefgreifende Maßnahmen wirkt die Stadt auf die Gesunderhaltung des heimischen Gewerbes ein, insbesondere durch eine lückenlose Beaufsichtigung des ganzen Verkehrs. Mit größter Beflissenheit wird darauf geachtet, daß Leistung und Gegenleistung einander entsprechen. Die aus dem christlichen Glaubensbekenntnis abgeleitete Anschauung von dem, was „standesgemäß" ist, drängt Ausartungen aller Art wirksam zurück. Vor allem kommen hier, neben der Festsetzung der Höchstzahl der Gesellen und Lehrlinge, die ein Meister beschäftigen darf, die Maßnahmen zur Sicherung des justum pretium und zur Beschränkung des Gewinnes auf ein billiges Maß in Betracht. Die gewerblichen Produzenten sollten zum Besten der gesamten Bürgerschaft ihres „Amtes" walten. Denn nicht als unbeschränkte individuelle Befugnis wurde das Recht zur Ausübung des Gewerbebetriebes aufgefaßt, sondern als ein Recht, dessen Ausübung an bestimmte Bedingungen und Voraussetzungen geknüpft war. Die wesentlichste Voraussetzung aber war der Z u n f t - z w a n g. Die Zunft war „der unter Sanktion der städtischen Obrigkeit errichtete Zwangsverband, dessen Mitgliedschaft die Voraussetzung für die Ausübung eines bestimmten Gewerbes innerhalb der Gemeinde bildete". Die Zünfte hatten „durch genossenschaftliche Selbstkontrolle, Selbstpolizei und Selbstbeschränkung" das Interesse des konsumierenden Publikums zu wahren. Dafür gewährleistete die zünftige Gewerbegesetzgebung dem einzelnen Meister seine wirtschaftliche Existenz, wenn er persönlich „ehrenfest", ein „Biedermann" und „unbesprochen" nach Herkunft und Leben war, seine ausreichende Befähigung als Lehrling und Geselle erwiesen hatte und seiner Zunft, seiner besonderen Berufsgruppe angehörte. Mit sorgsamster, später vielfach pedantischer Berufsteilung ging eine peinlich genaue Abgrenzung der Produktions- und Absatzgebiete Hand in Hand, die jedem seinen unüberschreitbaren Wirkungskreis anwies, ihn aber zugleich aller Vorteile irgendwelcher Art teilhaftig machte, die dem einen oder anderen durch günstige Gelegenheit, etwa im Ankauf größerer Mengen von Rohmaterial, zugefallen, damit „der Reiche den Armen nicht verderbe", sondern „jeder bei seiner Lebensnahrung erhalten werde". Aus demselben Grunde war aller Zwischenhandel, den kein besonderes Bedürfnis legitimierte, ausgeschaltet, vielmehr für die innerhalb des Stadtgebietes erzeugten Waren der unmittelbare Austausch zwischen Produzenten und Konsumenten soweit wie möglich gesichert.

Die Durchführung dieser Mittelstandspolitik war dadurch erleichtert und nach Möglichkeit verbürgt, daß die Verwaltung der Städte in weitestem Umfange S e l b s t - v e r w a l t u n g, daher das Handwerk durch seine Korporationen unmittelbar daran beteiligt war. Dem Zweck der Materialversorgung diente eine komplizierte Wochenmarkts- und Vorkaufsgesetzgebung, die S c h m o l l e r als ein raffiniertes System bezeichnet, Angebot und Nachfrage zwischen dem kaufenden Städter und verkaufenden Landmann so zu gestalten, daß der erstere in möglichst günstiger, der letztere in möglichst ungünstiger Position beim Konkurrenzkampf sich befinde. Von den städtischen Preistaxen sagt derselbe Verfasser, sie seien teilweise nur Waffen gegen die Getreide-, Wild- und Gemüsehändler vom Lande gewesen und hätten, ebenso wie auch die Verbote des Landhandwerks, des Landhandels und die Einschränkung des Hausierhandels, einseitig städtischen Interessen gedient. All dem steht jedoch die Tatsache der Erhebung der Städte zu wichtigen Absatzgebieten für die Landwirtschaft gegenüber, wodurch nicht selten bedeutsame Kultureinflüsse auf das Land ausgeübt wurden, wenn auch die Kämpfe um Marktrecht und Marktzwang bewiesen, daß sich die Landwirte recht oft benachteiligt fühlten. Drückender noch wirkte die Abschließung der zünftlerischen Stadtpolitik für alle jene Gewerbetreibenden, die außerhalb der zünftigen Organisation standen und als „Bönhasen" mehr oder weniger vogelfrei waren.

Insgesamt wirkte jedenfalls die stadtwirtschaftliche Mittelstandspolitik in der Blütezeit des Mittelalters in außerordentlich hohem Maße kulturfördernd. Hatte sie auch Privilegien im Gefolge, so beruhten doch diese Privilegien auf einer besonderen Qualifikation und riefen deshalb keine wirtschaftliche, soziale und kulturelle Sterilität hervor. Heute ist, im Gegenteil, die kulturfördernde Wirkung wenigstens insofern allgemein anerkannt, als mit dem Zunftwesen die „Veredlung des mittelalterlichen Handwerks zur Kunst" (G i e r k e) in unmittelbaren Zusammenhang gebracht wird, der wir eine in dieser Art nicht mehr erreichte Blüte des Volkslebens zu verdanken haben. Von vielleicht noch größerer Kulturbedeutung aber war das Walten und Wirken des g e n o s s e n s c h a f t l i c h e n G e i s t e s , der erst diese Blüte ermöglicht hat. Die Arbeitsgemeinschaft der Zünfte gestaltete sich unter diesem Einflusse zur Lebensgemeinschaft aus, auf die denn auch der ganze innere Organismus der Zünfte von dem Augenblicke an, wo sie den jungen Zunftgenossen als Lehrling erfaßten, eingestellt war. In ihr pflanzte sich der Familiencharakter fort, der der einzelnen Produktionseinheit zugrunde lag: die Familie samt Geselle und Lehrling war Produktions- und Haushaltungseinheit. Sämtliche Personengruppen waren Organe im Dienste eines gemeinsamen Ganzen (S o m b a r t). Soweit überhaupt der Geist gemeinsamer Verantwortung, unter Zurückdrängung der Selbstsucht, durch Institutionen ausgedrückt und gefördert werden kann und nicht aus tieferen Quellen fließt, war in der Zunft der Blütezeit Vorsorge getroffen. Auch die neuesten Untersuchungen, die dem Egoismus bei manchen Maßnahmen der stadtwirtschaftlichen Mittelstandspolitik eine größere Rolle zuweisen, können doch diese allgemeine Feststellung nicht erschüttern. Es ist S o m b a r t durchaus zuzustimmen, daß, trotz der gerade von ihm stark betonten stacheligen Abschließungspolitik der mittelalterlichen Stadt gegenüber allem, was „draußen vor den Toren" lag, die Idee der Gemeinschaft die Zentralsonne war, von der alles, was in der mittelalterlichen Stadt geschah, das Leben erhielt, „weil sie als tatkräftige Idee die Seelen der Einwohner und gewiß derer erfüllte, die bestimmend in die Gestaltung des städtischen Wesens eingriffen". Es empfand sich eine große Anzahl von Menschen als eine organische Einheit, fühlten sich viele als Glieder einer Familie, weil das Bewußtsein der Zusammengehörigkeit so stark war, daß es alle auflösenden, zersetzenden Mächte im Innern überwand und alle zu gemeinsamem Handeln, zu geschlossenem Auftreten gegen die Außenwelt hinführte.

War denn nun der andere Zweig, der mit dem Handwerk das Rückgrat des Mittelstandes bildet, der H a n d e l , von der „Mittelstandspolitik" der mittelalterlichen Stadtwirtschaft ausgenommen? Keineswegs. Vielmehr gilt, was für das Handwerk dargetan wurde, großenteils und in besonderer Art auch für diesen Handel, soweit ein Bedürfnis für seine Existenz anerkannt wurde und es sich auch hier um die Mittelschicht handelte. Letzteres trifft aber fast allgemein zu, denn nach den Nachweisungen B e l o w s hat es bis ins 16. Jahrhundert hinein einen „Engroshandel" nicht gegeben, sondern alle Importeure und Exporteure „detaillierten", d. h. sie waren „K r ä m e r o d e r G e w a n d s c h n e i d e r". Die Krämer sind kleine Kaufleute, Detaillisten, die einen sogenannten Kram, d. h. ein undifferenziertes Warenlager besaßen und unter anderem auch den Handel mit Spezereien besorgten, während sich die Gewandschneider mit dem Tuchhandel beschäftigten.

Die innere Struktur des Handels entsprach, nach den im wesentlichen nicht erschütterten Untersuchungen Sombarts, derjenigen des Handwerks. Der Handel war „der ebenbürtige und verträgliche Bruder" des handwerksmäßigen Gewerbes, so daß also die Mittelstandspolitik jener Zeit beiden in ihrer besonderen Art zugute kam. Vom eigentlichen Handel konnte, nach den ganzen Verhältnissen der damaligen Zeit (Verkehrstechnik), selbst in den Handelsmetropolen nur ein kleiner Teil der Bevölkerung leben. Soweit tunlich, wurde der Handel mit Marktprivilegien ausgestattet, welche Vergünstigungen sich dann nicht selten an die Bedingung der Seßhaftigkeit knüpften. Die ganze Einstellung der Zeit auf das Interesse des Konsumenten engte übrigens den Spielraum für die Betätigung des Händlers stark ein. Das gilt insbesondere für den Handel mit Lebensmitteln. Es war nicht nur durchweg jeder Lieferungshandel mit solchen verboten, sondern meist auch der Einkauf zum Zwecke des Wiederverkaufs. Vielfach errichtete die Stadt Getreidespeicher, um selber die Versorgung sicherzustellen. Darüber hinaus besorgte der Handwerker, wenigstens in den früheren Zeiten, im großen und ganzen selber, sei es einzeln, sei es genossenschaftlich, den Einkauf von Materialien und den Verkauf der fertigen Erzeugnisse. Auch der Handwerker zog an bestimmten Tagen mit seinen Erzeugnissen auf den Marktplatz. Der Ausdruck „Zunft" wird von einigen Schriftstellern geradezu auf das, bestimmten Handwerkern eingeräumte Recht zurückgeführt, ihre Güter an bestimmter Stelle feilbieten zu dürfen. Ein Marktbesuch der Handwerker in der Ferne steht namentlich für die Weber fest, von den sogenannten Hausierhandwerken (Keßler, Kaltschmiede) ganz zu schweigen. Erst in dem Maße, wie sich der Verkehr ausdehnt und vor allem internationales Gepräge anzunehmen beginnt, schwingt sich der Handel zu größerer Bedeutung empor. Dennoch fügt sich der Händler wie der Handwerker in das feste Gefüge des gesamten Wirtschaftslebens als der Handwerker des Warenabsatzes (Sombart) ein. Die Idee der Nahrung, des standesgemäßen Unterhalts, beseelt auch den mittelalterlichen Händler. Gewinnstreben im modernen Sinne liegt ihm genau so fern wie dem Handwerker. Wie dieser hat auch der Händler als technischer Arbeiter nicht selten ein Meisterstück zu machen. Vor allem aber stehen sich die mittelalterlichen Händler und die mittelalterlichen Handwerker innerlich und äußerlich so nahe wie möglich durch das beide umfassende Korporationswesen. Die Zunft umschließt beide oft so eng, daß zwischen den beiderseitigen Zünften eine strenge Scheidung gar nicht besteht. So daß also auch der Händler oder Krämer in analoger Weise wie der Handwerker von der ständischen Schutzpolitik der mittelalterlichen Stadt wie der Zunft erfaßt und betreut wurde. Einer besonderen Darlegung bedarf es da nicht.

3. Neuzeitliche Mittelstandspolitik.

Die Mittelstandspolitik der mittelalterlichen Stadt ist nur verständlich und war nur haltbar auf der besonderen geistigen (seelischen) und wirtschaftspolitischen Grundlage, wie sie eben, einmalig in der Geschichte, das Mittelalter bot. Mit dem Schwinden der Grundlage und in dem Maße dieses Schwindens schwand auch sie. Ein Prozeß, der sich hier schneller, dort langsamer vollzog, im ganzen jedenfalls Jahrhunderte in Anspruch nahm. Während noch der merkantilistische Staat die von der mittelalterlichen Stadt überkommene Haltung zum bürgerlichen Mittelstand zu bewahren suchte, was er, ohne sein sonstiges Ziel aus dem Auge zu lassen, durchzuführen hoffte, indem er in bezug auf Privilegien- und Rechteerteilung sich als Staat einfach an die Stelle der „Stadt" setzte, wobei er aber durch seine zentralisierenden Maßnahmen die ständische Autonomie, den Kern der früheren Mittelstandspolitik, zerstörte, erstickten die Träger dieser Autonomie, die Zünfte, selber ihre geistige Lebenskraft durch immer stärkere Veräußerlichung ihrer Wirksamkeit. Die Einzelheiten dieses qualvollen Entwickelungsprozesses gehören nicht hierher. Es muß die Gesamtfeststellung genügen, daß das vom Individualismus und von einem kurzsichtigen Egoismus zerfressene bisherige mittelständische Wesen, weil ihm seine mittelalterliche Seele verloren gegangen, in sich zerfallen m u ß t e , auch wenn es sich nicht so offenkundig der Entwickelung entgegengestellt hätte, und daß auch keine Handwerker- und Mittelstandspolitik des Polizeistaates (vgl. namentlich die kurfürstlich-brandenburgischen und späteren preußischen Bemühungen) es hätten retten können, selbst wenn nicht der merkantilistische Polizeistaat im Interesse seiner Geld- und Steuerpolitik seiner Natur nach schließlich dem aufkommenden Kapitalismus in die Arme gedrängt worden wäre. Die deutschrechtliche Organisation der Arbeit schien dem Leben nicht mehr gewachsen zu sein. Als daher die französische Revolution durch Gesetz vom 2.—17. März 1791 mit dem Polizeistaat die Reste der ständischen Organisation und, als einen nur noch kümmerlichen Bestandteil derselben, die mittelständischen Korporationen zertrümmerte, erschien das den fortgeschrittenen Geistern auch in Deutschland als eine nachahmenswerte erlösende Tat. „Zünftlerisch" war gleichbedeutend geworden mit veraltet, verknöchert, engherzig, fortschrittsfeindlich. Auf den Vertretern des Mittelstandes, soweit dieselben vor allem in den Schichten des kleinen Bürgertums zu suchen sind, liegt ein Gefühl der Lähmung. G o e t h e zwar sprach mit einer gewissen Idealisierung von der „Mittelschicht": „Vornehmlich sind zur Mittelschicht zu rechnen die Bewohner kleiner Städte, deren Deutschland so viele wohlgelegene, wohlbestellte zählt, alle Beamten und Unterbeamten, Handwerksleute, Fabrikanten, vorzüglich Frauen und Töchter solcher Familien, auch Landgeistliche, insofern sie Erzieher sind. Diese Personen sämtlich, die sich zwar in beschränkten, aber doch wohlhäbigen, auch ein sittliches Behagen fördernden Verhältnissen befinden . . ." In der sozialen Literatur dagegen erscheint gerade das kleine Bürgertum als der Herd einer Rückständigkeit, die in vollstem Gegensatz steht zu der kraftvollen Art, die seinen Hauptvertreter, das Handwerk, im Mittelalter ausgezeichnet hatte. Der aufkommende Sozialismus gar schüttet die übervolle Schale seines Hohnes und Zornes über den „moralisch empörten" Handwerksmeister aus, der sich als durch die Gewerbefreiheit ruiniert hinstelle, über seine Krähwinkelei, wogegen ein andermal seine borniere Selbstzufriedenheit daran glauben muß. Lange Zeit jedenfalls kann von einer aktiven Mittelstandspolitik d e r B e t e i l i g t e n s e l b e r keine Rede sein. Soweit nicht überhaupt untätiges Dahinvegetieren ihr einziges Verhalten ist, ergäben sie sich dem dumpfen Klage über das ihnen zugefügte Unrecht. Infolgedessen konnte es natürlich auch zu keiner eigentlichen Mittelstandspolitik von seiten der ö f f e n t l i c h e n K ö r p e r s c h a f t e n kommen. Wenn die Klagen in Zeiten allgemeiner Verarmung überlaut werden, bemühen sich die Regierungen, die Mißstände in einzelnen Punkten abzustellen. Es fehlt aber jedes s c h ö p f e r i s c h e Moment. Dieser Charakter bleibt der Mittelstandspolitik bis in eine Zeit erhalten, die dem Weltkriege schon ziemlich nahe liegt. Sehr spät erst ist teilweise ein Umschwung erfolgt. Dieser läßt sich am besten an der Hand einer gesonderten Betrachtung der Entwickelung der einzelnen Gruppen, die man dem „alten" Mittelstand zuzurechnen pflegt, dartun, indem man dabei den durch den Weltkrieg bewirkten Einschnitt besonders berücksichtigt.

A. Das Handwerk.

a) D i e V o r k r i e g s z e i t .

Zur Zeit der deutschen Revolution des Jahres 1848 sieht es einen Augenblick aus, als ob es dem Handwerk gelingen würde, die Regierungen zu einer Abkehr von der Gewerbefreiheit und zur Rückkehr zur Zunftverfassung, damit also zu einer teilweisen Rückbesinnung auf die Mittelstandspolitik vergangener Zeiten zu bestimmen. Die einschlägigen Bestrebungen sind aber selbstverständlich zur Unfruchtbarkeit verurteilt, weil sich Politik, zumindest schöpferische Politik, nicht als Hemmschuh gegen eine Entwickelung gebrauchen läßt, die Elemente von völliger

W e s e n s verschiedenheit, im Vergleich zu den künstlich wieder herzustellenden antiquierten Zuständen, mit natürlicher Gewalt freisetzte. Auch die Wirtschafts- und Sozialpolitik ist an die Voraussetzungen solcher Entwickelung gebunden. Neu- zeitliche Mittelstandspolitik kann daher erst dann mit Aussicht auf Erfolg einge- leitet werden, nachdem die mittelständischen Schichten sich in die Bedingungen der neuzeitlichen Entwickelung zu finden begonnen. Für d a s H a n d w e r k ergab sich daraus vor allem die Verpflichtung zur Anerkennung der Tatsache, daß sich die eigentlichen Gebilde der hochkapitalistischen Epoche nicht gewaltsam in eine handwerksmäßige Struktur hineinpressen lassen, wie das lange Zeit (und zum Teil bis heute noch) von Vertretern der Handwerkerschaft verlangt wurde. Der mehr negativen Einstellung des Kampfes gegen das Neue mußte zunächst die posi- tive der Hinwendung zu den b e s o n d e r s g e a r t e t e n A u f g a b e n folgen, die und wie sie nunmehr dem Handwerk verblieben waren und neu erwuchsen. Diese positive Haltung bedurfte sodann für ihren Erfolg der Anpassung an die neuen Auf- fassungen vom Staatszweck und von der sozialen Politik, für die die Gesellschafts- klassen nicht bloß O b j e k t , sondern zugleich auch S u b j e k t sind. Fast das ganze 19. Jahrhundert ist darüber vergangen, ehe das Handwerk für solche Erkennt- nis einigermaßen erzogen war und anfangen konnte, hauptsächlich aus eigener Kraft seine Stellung gegenüber dem riesenhaften Anschwellen der kapitalistischen Groß- unternehmungen zu behaupten, wie auch gesellschaftlich wieder zu Ansehen zu kommen. Weil eine solche Einstellung noch in den Anfängen stand, mußte das Ex- periment mit den f r e i e n I n n u n g e n , die nach der Gewerbeordnung von 1869 zugelassen wurden, notwendigerweise mißlingen: Diese Innungen wurden vielfach ein Tummelplatz kleinlichsten Kampfes, weswegen die Mitgliedschaft dauernd wechselte, und sodann des ohnmächtigen Sturmlaufs gegen den Großbetrieb, den man durchaus der eigenen kleinen Schablone einzwängen wollte. Es kam auch ferner zu keiner irgendwie bedeutsamen Ausnutzung der sozialen S e l b s t h i l f e , wie sie im Zuge der Zeit lag und seit dem Jahre 1851 durch S c h u l z e - D e l i t z s c h in einem immer umfassenderen Genossenschaftswesen organisiert worden war. M ü f- f e l m a n n bezifferte selbst noch für das Jahr 1913 den Verhältnissatz der genossen- schaftlich organisierten Handwerker erst auf 2—3%. Dabei hatten insbesondere die Kreditgenossenschaften in Preußen durch die Unterstützung der 1895 gegründe- ten „Preußischen Zentralgenossenschaftskasse" seit langem eine keineswegs wider- strebende Staatshilfe zur Seite, die in den meisten übrigen deutschen Ländern ihr Gegenstück findet. Immerhin reichte die Benutzung der Kreditgenossenschaft noch weit hinaus über diejenige der Rohstoffgenossenschaft (gemeinsamer Einkauf von Rohmaterial), der Maschinengenossenschaft (Versorgung von Maschinen ent- weder an den einzelnen Handwerker zu seinem ausschließlichen Gebrauch oder an eine größere Anzahl von Handwerkern zu gemeinsamem turnusmäßigen Gebrauch) und der Magazingenossenschaft (gemeinsamer Verkauf der Handwerkserzeugnisse in eigenen Läden). Der hervorstechende Zug im Verhalten des Handwerkers war und blieb, daß sich sein Blick wie hypnotisiert auf die H i l f e v o n o b e n richtete. Dieser Blickrichtung kam von sich aus die große Wendung der B i s m a r c k- schen Politik zu Ende der 70er Jahre entgegen. B i s m a r c k rang sich nach vielen Kämpfen zu dem Entschluß durch, der von ihm eingeleiteten Umwälzung der Zoll- und Handelspolitik eine Sozialpolitik als idealistische Ergänzung an die Seite zu stellen, innerhalb deren auch eine eigene Mittelstandspolitik Raum haben sollte. Diese Politik segelte unter der Gesamtlosung des S c h u t z e s d e r n a t i o n a l e n A r b e i t . Grundsätzlich war sie dem Mittelstand insofern besonders günstig, als B i s m a r c k nicht bloß an die Errichtung eines s t ä n d i s c h g e g l i e d e r t e n V o l k s w i r t s c h a f t s r a t e s dachte, ein Gedanke, der ihm die Arbeit an der Reorganisation des Handwerks nachweislich sehr nahe brachte, sondern als er überhaupt dem Staat einen ständischen Einschlag zu geben beabsichtigte und zwar ausgesprochenermaßen auf der Grundlage einer c h r i s t l i c h e n Staatsauffassung. Die neue Einstellung B i s m a r c k s und der von ihm geleiteten Politik hat nun gewiß nicht zu einer völligen Reorganisation des Handwerks geführt und zwar hauptsächlich deswegen nicht, weil der objektiv politischen Tat nicht eine geschlossene subjektive Bewegung des Handwerks wie des Mittelstandes überhaupt entgegenkam. Es fehlte an einer hinreichend machtvollen Standesbewegung des Handwerks, die hätte bewirken können, daß der dem Handwerk gebotene neue Rahmen alsbald mit einem lebenswarmen, mächtig ausgreifenden Inhalt ausgefüllt wurde. Aber ein Rahmen wurde eben doch zur Verfügung gestellt. Zunächst durch das Gesetz vom 18. Juni 1881, das die Gründung neuer Innungen begünstigte. Blieb auch die f a k u l t a t i v e Grundlage beibehalten, so wurden diese Innungen doch zu ö f f e n t l i c h - r e c h t l i c h e n K o r p o r a t i o n e n erklärt: in mancher Hinsicht traten sie an die Stelle der Gemeindebehörden und sie erhielten das Recht, ihre Wirksamkeit auf andere, den Innungsmitgliedern gemeinsame gewerbliche Interessen, als die im Gesetz bezeichneten, auszudehnen, insbesondere das Ausbildungs- und soziale Unterstützungswesen neu zu ordnen, Gemeinschaftsorgane für die verschiedenen örtlichen Innungen in dem Innungsausschuß zu bilden und darüber hinaus auch interlokal zu Innungsverbänden zur Regelung gemeinsamer Angelegenheiten (Errichtung von Kranken- und Sterbekassen, Regelung des Herbergswesens, des Arbeitsnachweises, der Wanderunterstützungen, des Lehrlingswesens, Eröffnung von Schiedsgerichten usw.) zusammenzutreten. Weitere Gesetze vom 1. Juli 1883, 8. Dezember 1884, 26. April 1886, 6. Juli 1887 bauten diese Rechte aus. Vor allem das letztere Gesetz ermächtigte bewährte Innungen, auch Nichtinnungsmitglieder zu den Kosten für Herbergswesen, Arbeitsnachweis, Fachausbildung und Schiedsgerichte heranzuziehen.

Den Forderungen der Handwerker — und darin kommt der Mangel an eigener schöpferischer Initiative zu klarem Ausdruck — genügte indes auch diese Politik noch nicht: ihr Ziel war die korporative Organisation auf ausgesprochener Z w a n g s-g r u n d l a g e. Eine starke Annäherung an diese Forderung bedeutete das Gesetz vom 26. Juli 1897, das mit seinen korporativen Bestrebungen über die i n n e r e Entwickelung, welche das Handwerk bis dahin erreicht hatte, weit hinausgriff und eine b e r u f s s t ä n d i s c h e G e w e r b e p o l i t i k schon zu einer Zeit vorwegnahm, wo es an den sonstigen Unterlagen dafür noch fast völlig fehlte. Auf Mehrheitsbeschluß der beteiligten Handwerker hin kann die Oberverwaltungsbehörde anordnen, daß innerhalb eines bestimmten Bezirks sämtliche Handwerker (mit „handwerksmäßigem" Betriebe) der gleichen oder verwandter Gewerbe einer neu zu errichtenden Innung angehören müssen. Diese f a k u l t a t i v e n Z w a n g s-i n n u n g e n haben wesentlich dieselben Aufgaben wie die freien Innungen; doch ist Vorsorge getroffen, um den Zwang, den etwa die Innungen ausüben könnten, nicht ausarten zu lassen. Darum kann zum Beispiel der Charakter der Innung als Zwangsinnung wieder aufgehoben werden, wenn ³/₄ der Mitglieder es verlangen. Erhebliche Bedeutung erlangte der § 100 q der Gewerbeordnung, namentlich in der Zeit, da der Kampf zwischen Arbeitgeber- und Arbeitnehmerverbänden eine scharfe Zuspitzung erfuhr und sich die Innungen vielfach als Arbeitgeberverbände oder in deren Interesse zu gebärden suchten, jener Paragraph, der es den Innungen verbietet, ihre Mitglieder in der Festsetzung der Preise ihrer Waren oder Leistungen oder in der Annahme von Kunden zu beschränken. Neu eingeführt wurden Innungsinspektoren als Beauftragte der Innungen zur Kontrolle über die Einrichtung der Betriebsräume sowie der Unterkunftsräume für Lehrlinge usw. Die Bestimmungen über Innungsausschüsse und Innungsverbände wurden weiter ausgestaltet. Dem ständischen Gedanken im Sinne der früheren Zunft trägt insbesondere die Bestimmung über die obligatorische Einführung von Gesellenausschüssen im Anschluß an die Innung Rechnung; aber gerade in diesem Punkte wurde das Verfrühte mancher Seite der Neuregelung offenkundig, insofern nämlich, als die Gesellenausschüsse, zur Mitwirkung bei der Regelung des Lehrlingswesens, bei der Gesellenprüfung, bei der Begründung und Verwaltung aller, die Gesellen irgendwie belastenden oder zu ihrer Unterstützung bestimmten Einrichtungen berufen, fast völlig versagten, weil die Gesellen sich von der gemeinsamen Betätigung mit den Innungen ab- und der Gewerkschaft zukehrten. Als Krönung der mit dem Gesetz vom Jahre 1897 erstrebten Organisation des Handwerks dienten d i e H a n d w e r k s k a m m e r n. Die Handwerkskammern sind offizielle, mit öffentlich-rechtlichem und behördenartigem Charakter ausgestattete Interessenvertretungen für größere Bezirke. Die Errichtung erfolgt durch eine Verfügung der Landeszentralbehörde. Die Mitglieder werden von den Handwerkern des Bezirks gewählt. Die Kammer hat 1. den Charakter eines Beirats von Sachverständigen für die Regierung, einer Vertretung der Handwerkerinteressen auch der Oeffentlichkeit gegenüber. Sodann sollen die Handwerkskammern 2. als Selbstverwaltungsorgane die gesetzlichen Bestimmungen, welche noch einer Ergänzung durch Einzelvorschriften bedürftig und fähig sind, für ihren Bezirk weiter ausbauen, die Durchführung derselben regeln und, soweit erforderlich, durch besondere Beauftragte überwachen, schließlich solche auf die Förderung des Handwerks abzielenden Veranstaltungen treffen, zu deren Begründung und Unterhaltung die Kräfte der lokalen Organisationen nicht ausreichen (§§ 103 bis 103 q der GO.). Bei der Handwerkskammer ist ebenfalls ein Gesellenausschuß zu bilden (§ 103 i der GO.). Derselbe muß mitwirken beim Erlaß von Vorschriften über das Lehrlingswesen, bei Abgabe von Gutachten und Berichten über Angelegenheiten, welche die Verhältnisse der Gesellen und Lehrlinge betreffen, bei der Entscheidung über Beanstandungen von Beschlüssen der Prüfungsausschüsse (§ 103 k der GO.).

Die Handwerkskammern traten im Jahre 1900 auf landesherrliche Verordnung hin in Tätigkeit. Gleichzeitig wurde in den drei Hansastädten und in Sachsen den dort bestehenden Gewerbekammern die Funktion der Handwerkskammern übertragen.

Bei den Ministerien für Handel und Gewerbe verschiedener Staaten (z. B. Württemberg, Hessen, Preußen, Baden) errichtete Zentralstellen (Landesgewerbeämter) zur Beobachtung der gewerblichen Entwickelung, Erteilung von Vorschlägen, Anregungen und Auskünften vervollständigten die Gesamtorganisation des Handwerks.

Für die Wirkungen dieser Politik im einzelnen muß auf Spezialartikel über Innungen usw. verwiesen werden. Ein Gesamturteil über die Wirkungen der neuen Handwerkerpolitik wird immer wieder zu dem Schlusse gedrängt werden, daß das Handwerk selber auf lange Zeit hinaus noch der inneren Kraft ermangelte, um diese Politik in vollem Umfange zur Auswirkung zu bringen. Die objektive Entwickelung des Handwerks war überdies noch nicht weit genug gediehen, um gewissermaßen der Anpassung an eine solche Art reglementierender Politik stillzuhalten. Die kapitalistische Wirtschaftsordnung trieb immer neue Blüten, wodurch das Handwerk in seinem Bestande und in seiner Struktur unaufhörlich Aenderungen unterworfen blieb. Das Verhältnis zwischen Meistern und Gesellen durchlief erst noch die verschiedensten Stadien, man aber überhaupt soweit kam, von Gemeinschaftsaufgaben, die theoretisch vorgesehen waren, reden zu können. Erst als der Tarifvertrag mehr oder weniger in das Gewerbe eingebaut war und die allmählich aufkommenden Arbeitsgemeinschaften (sie entstanden schon vor dem Kriege, hauptsächlich im Holz- und Malergewerbe, während das Buchdruckgewerbe in seiner Tarifgemeinschaft schon vorher in eine ähnliche Richtung strebte) die gemeinsamen Interessen von Unternehmern und Arbeitern zu regeln begannen, war der geistige Boden vorbereitet für einen korporativen Aufbau, wie ihn die Handwerkerpolitik vorweg genommen hatte. Damit aber waren ähnliche Institutionen auf mancherlei Gebieten an die Stelle getreten, die man gesetzlich den Innungen vorbehalten wollte und zwar mit einem, das Kleingewerbe nicht selten stark überschreitenden Rahmen. Diese Entwickelung hat dann allerdings zugleich auch das Handwerk selber in seinen

Trägern aufgerüttelt, und es setzte sich die Einsicht immer mehr durch, daß eine Mittelstandspolitik nur Sinn hat, soweit der Mittelstand selber, in diesem Falle also der gewerbliche, sich zu ihrem kraftvollen Träger und Ausgestalter macht. Zur vollen Auswirkung gekommen ist diese Erkenntnis freilich erst durch den Krieg und mehr noch nach dem Kriege: nunmehr tritt uns ein gewerblicher Mittelstand von ganz anderem Schnitt und erheblich veränderter Einstellung zum Leben entgegen. Daß dem so ist, beruht nicht auf den Wirkungen des Krieges und der Revolution allein, sondern man wird nicht fehl gehen, wenn man die Handwerkerpolitik der Vorkriegszeit wenigstens in manchen Punkten als einen Wegebereiter anspricht. Und zwar gilt dies namentlich insoweit, als sie den zielbewußten Vertretern des Handwerks die Möglichkeit bot, durch Herausbildung der Eigenart des Handwerks dessen Stellung neben der Fabrik zu behaupten und zu befestigen. Das Mittel dazu war die Förderung der technischen Leistungsfähigkeit unter der Losung der Qualitätsarbeit.

Zunächst jedoch trat auch hier wieder der Mangel an Selbstbewußtsein zutage, indem jammernd alles Heil von der Gesetzgebung gefordert wurde: es handelt sich um die schier endlosen Rufe nach dem B e f ä h i g u n g s n a c h w e i s. Die Auseinandersetzungen darüber ziehen sich fast durch das ganze vorige Jahrhundert hin und erheben sich nach der Jahrhundertwende nochmals zu besonderer Heftigkeit. Der Befähigungsnachweis ist in unmittelbare Verbindung mit der Lehrlingsausbildung gebracht und in diesem Zusammenhange hat er teilweise als sogenannter k l e i n e r B e f ä h i g u n g s n a c h w e i s gesetzliche Festlegung gefunden. Während früher nur die Annahme einer, zum Umfang und zur Art des Gewerbebetriebes in keinem richtigen Verhältnis stehenden Anzahl von Lehrlingen verboten und vom Lehrmeister verlangt wurde, daß er 24 Jahre alt und im Besitze der bürgerlichen Ehrenrechte sei, die vorgeschriebene Lehrzeit zurückgelegt und die Gesellenprüfung bestanden habe, behält die Novelle zur Gewerbeordnung vom 30. Mai 1908 die Befugnis zur Anleitung von Lehrlingen in Handwerksbetrieben denjenigen Personen vor, die das 24. Lebensjahr vollendet und eine Meisterprüfung abgelegt haben. Haben solche Personen die Meisterprüfung nicht für dasjenige Gewerbe oder denjenigen Zweig des Gewerbes bestanden, worin die Anleitung der Lehrlinge erfolgen soll, so haben sie die Befugnis dann, wenn sie in dem betreffenden Gewerbe oder Gewerbezweige entweder die Lehrzeit und die Gesellenprüfung bestanden oder 5 Jahre hindurch persönlich das Handwerk selbständig ausgeübt haben oder während einer gleich langen Zeit als Werkmeister oder in ähnlicher Stellung tätig gewesen sind. Die weitergehende Forderung nach dem sogenannten a l l g e m e i n e n Befähigungsnachweis, der die Erlaubnis zur selbständigen Führung eines Geschäfts ganz allgemein von der Meisterprüfung abhängig machen würde, ist später von der Mehrzahl der Handwerker selber, und zwar vielfach unter dem Einfluß der Belehrung durch die Handwerkskammern, als undurchführbar aufgegeben worden. Außer der Forderung nach dem Befähigungsnachweis spielt sodann diejenige nach dem Ausbau des F o r t b i l d u n g s s c h u l u n t e r r i c h t s eine große Rolle, und auch in diesem Punkte ist die Gesetzgebung schon vor dem Kriege dem Handwerk weitgehend entgegengekommen. Letzteres gilt ebenfalls für die Errichtung von G e w e r b e f ö r d e r u n g s a n s t a l t e n, die, unter Mitwirkung des Staates, in fast allen Bezirken des Landes von öffentlichen Körperschaften errichtet worden sind.

Zum Teil freilich betätigte sich das Handwerk doch auch schon i n f r e i e r I n i t i a t i v e auf dem Gebiete der gewerblichen Ausbildung. Dies gilt namentlich in dem Maße, als das Handwerk, neben den gesetzlichen Organisationen, aus sich heraus f r e i e V e r e i n i g u n g e n erzeugt hat, was in erster Linie in Verbindung mit den Handwerkskammern und zur Unterstützung derselben geschehen ist. Als solche freien Verbindungen des Handwerks sind d i e G e w e r b e v e r e i n e anzusprechen: freie Vereinigungen von Gewerbetreibenden zur Förderung des Gewerbestandes eines Ortes oder Bezirks, die sich insofern von den Innungen unterscheiden, als letztere die Gewerbetreibenden eines einzigen Gewerbezweiges oder verwandter Gewerbezweige umfassen, während die Gewerbevereine Sammelorganisationen sind. Seit dem Jahre 1891/92 sind die Gewerbevereine zum Verband deutscher Gewerbevereine und Handwerkervereinigungen zusammengeschlossen, während die später gegründeten Handwerkskammern im Deutschen Handwerks- und Gewerbekammertag vereinigt sind, dessen Aufgabe Austausch von Erfahrungen, Regelung der Verhältnisse nach gemeinsamen Gesichtspunkten, Streben nach Einheitlichkeit bei der gutachtlichen Tätigkeit gegenüber den Behörden und bei der Beeinflussung der Gesetzgebung ist. Ihre hauptsächlichste Verbreitung haben die Gewerbevereine in Süddeutschland, während Preußen 1908, bei 8000 Innungen (Gesamtzahl für Deutschland 11 311), nur 161 Gewerbevereine (Gesamtzahl in Deutschland 1415) zählte. Der freie Gewerbeverein ist ein gewerblicher Mittelstandsverein, dem es auf technische, kaufmännische und künstlerische Förderung des Mittelstandes ganz allgemein, namentlich aber des Handwerks, das etwa ⅔ seiner Mitglieder stellt, ankommt. An der Tätigkeit und den Bestrebungen der Gewerbevereine beteiligten sich, vor allem in Süddeutschland, von jeher auch Fabrikanten und vornehmlich Ingenieure wie Gewerbepolitiker mit offenem Blick für die aus der gewerblichen Umwälzung sich ergebenden Bedürfnisse. Das schließliche Ergebnis ist gewesen, daß aus diesem Zusammenwirken den einseitigen zünftlerischen Tendenzen des Handwerks nahezu während des ganzen vorigen Jahrhunderts — einzelne Gewerbevereine in Süd- und Westdeutschland datieren fast bis in die Zeit der Einführung der Gewerbefreiheit zurück — wirksam entgegengearbeitet und wenigstens einem größeren Teile von Handwerkern der Sinn für die Forderungen der neuen Zeit und der neuen Verhältnisse erschlossen werden konnte. Die Gewerbevereine suchten die Mittelstandspolitik viel mehr auf der Grundlage des Bildungswesens als auf derjenigen der Organisation aufzubauen. So sind sie zu weitgehenden Vorschlägen für die Schulung des Nachwuchses, aber auch für die Weiterbildung der angehenden und bereits selbständigen Träger des Handwerks gekommen. Staat und Gemeinde wurden von den Gewerbevereinen in geschickter und nachhaltiger Weise zur Unterstützung solcher Bestrebungen durch finanzielle Beihilfen zu Lehrkursen, durch Errichtung von Gewerbeförderungsschulen, Abhaltung von Ausstellungen usw. veranlaßt. Wo der Boden günstig, nahmen sich die Gewerbevereine auch sonstiger Aufgaben, wie des Arbeitsnachweises, des Unterstützungswesens usw., an. Mit der Inaussichtnahme der Gründung von Handwerkskammern wurden die Gewerbevereine zu deren Unterbau ausersehen. Als dann die Handwerkskammern tatsächlich gegründet waren, wurden sie vielfach von dem Geiste der Gewerbevereine durchtränkt. Jedenfalls ist aus diesem Zusammenwirken die reine Abwehrpolitik des handwerkerlichen Mittelstandes, wenn auch nur ganz allmählich, zurückgedrängt und durch eine positive Politik der Gewerbeförderung ersetzt worden. Allmählich! Denn unter dem Druck der I n n u n g s b ü n d e ertönte eine bestimmte Anzahl von Kampfparolen immer aufs neue wieder. So diejenige der Aufhebung des bereits oben erwähnten § 100 q der Gewerbeordnung, der das Verbot der Ringbildung und Preisregelung innerhalb der Innungen ausspricht, und zwar mit Recht, da hier vom Staate eine Unterstützung bei der Festsetzung und Durchführung von Mindestpreisen verlangt wird. Dann diejenige der Abstellung der Begünstigung von Werkstätten des Staates und der Gemeinden (Militärwerkstätten, Gefängnisarbeit); ferner die Forderung des Kampfes gegen den Bauschwindel und unlautere Manipulationen gewissenloser Bauinteressenten, der das Gesetz über die S i c h e - r u n g d e r B a u f o r d e r u n g e n Rechnung zu tragen versucht hat. Dazu gesellt sich alsdann das Verlangen nach einer Regelung des Verdingungswesens, die den Interessen und den Existenznotwendigkeiten des Handwerks entgegenzukommen hätte. Nicht zuletzt aber drängen vor allem die Innungsbünde den Gedanken des I n n u n g s z w a n g e s (anstatt der bloßen Zwangsinnung) und des allgemeinen Befähigungsnachweises immer erneut in den Vordergrund, obschon die Mehrheit der Handwerkskammern zusammen mit den Gewerbevereinen sich niemals auf den Boden dieser Forderung stellen dürften, zumal nachdem feststeht, daß sich der Befähigungsnachweis im Baugewerbe nicht bewährt hat. Die Innungs- und Handwerkerbünde (1883 wurde der „Allgemeine Deutsche Handwerkerbund", der die unbedingten Anhänger der Zwangsinnung und des Befähigungsnachweises umfaßt, gegründet, etwas später der „Zentralausschuß vereinigter Innungsver- bände", dem es zunächst auf einen Ausbau der Innungen ankam; außerdem be- stehen in den verschiedensten Landesteilen noch besondere, für die betreffenden Gebiete berechnete Handwerkerbünde) sind ausschließlich wirtschaftspolitisch tätig und haben (wenigstens vor dem Kriege) mit heftigen Klagen über die Not des Handwerkerstandes fort und fort die Zunftfahne entrollt. Verschiedentlich ist von dieser Seite aus ein scharfer Druck auf die politischen Parteien ausgeübt worden, und der Zentralausschuß vereinigter Innungsverbände griff durch einen eigenen Aufruf unmittelbar in den Reichstagswahlkampf des Jahres 1912 ein, indem er die handwerkerfreundlichen Kandidaten zu unterstützen und die Wahl von Sachverständigen aus den Reihen der Handwerker zu betreiben forderte.

Eine ganz eigene Stellung nimmt der R h e i n i s c h - w e s t f ä l i s c h e T i s c h l e r i n n u n g s v e r b a n d, unter der Leitung von K ü k e l h a u s- Essen, ein. Doch empfiehlt es sich, da seine Wirksamkeit durch den Krieg und mehr noch nachher eine für das gesamte Handwerk allgemeine Bedeutung erlangt hat, die Behandlung desselben einstweilen noch zurückzustellen.

b) D i e K r i e g s- u n d N a c h k r i e g s z e i t.

Als Mittelstandspolitik, die besonders auch dem Handwerk zugute kam, ist die Wiedereinführung der D a r l e h n s k a s s e n durch Gesetz vom 4. August 1914 anzusprechen. Deren Gründung erfolgte in allen Orten mit Reichsbankstellen. Sie sollten vor allem den kleineren und mittleren Betrieben bei der Kreditver- leihung zugute kommen, indem sie leicht umsatzfähige Werte (Wertpapiere, Roh- stoffe, Stapelwaren mit festen Marktpreisen) beliehen.

Während des Krieges hatte im übrigen namentlich das kleinere Handwerk einen schweren Stand, weil durch die Einziehung des Betriebsleiters in sehr vielen Fällen die Existenzfähigkeit der betreffenden Betriebe gefährdet wurde oder ganz dahin schwand. In anderen Fällen suchten sich die Inhaber eine neue Existenz durch Eintritt als Arbeiter in größere Betriebe mit Kriegsaufträgen. Mancher früher selbständige Handwerker hat den Weg von da nicht zurückgefunden, ist somit für den Mittelstand verloren gegangen. Inwieweit das zutrifft, läßt sich, bei dem Mangel jeder eingehenderen Statistik, einstweilen noch nicht erfassen. Für das seinen Betrieb fortsetzende Handwerk bedeutet der Krieg und die Nachkriegs- zeit mit ihrer Z w a n g s w i r t s c h a f t eine starke Triebkraft zum berufs- ständischen Zusammenschluß und zur Verlebendigung der Selbsthilfebestrebungen. Während des Krieges wiederholte sich immer häufiger die Uebernahme der Aus- führung von Kriegsaufträgen durch lose oder aber mehr oder weniger geschlossene Verbindungen von Handwerkern nicht nur desselben Berufes, sondern auch ver- wandter Berufe. D a s H i n d e n b u r g p r o g r a m m hat in dieser Hinsicht besonders stark eingewirkt. Die Zwangswirtschaft des Krieges und der Nachkriegs- zeit beschleunigte den Zusammenschluß der Gewerbe der Lebensmittelversorgung zu Abwehrzwecken und zur Durchsetzung einer gemeinsamen Preispolitik. Das gesamte Handwerk kommt auf solche Weise gleichsam in Fluß. Die Organisa- tions- und Kampfbestrebungen erhalten neue Schwungkraft. War die Bedeutung der vom Zentralausschuß deutscher Innungsverbände veranstalteten Deutschen Innungs- und Handwerkertage immer mehr gegenüber den regelmäßigen Tagungen der Handwerkskammern zurückgegangen, so kam es auf dem Handwerks- und Gewerbekammertage in Hannover 1919 zu einer Vereinigung der Handwerker-

bünde mit den Handwerkskammern im „R e i c h s v e r b a n d   d e s   D e u t-
s c h e n   H a n d w e r k s", dessen Verwaltung mit derjenigen des deutschen
Handwerks- und Gewerbekammertages verbunden ist. Diesem Reichsverbande
gehören, neben dem Deutschen Handwerks- und Gewerbekammertage, die Reichs-
innungsverbände und Fachverbände des Handwerks, der Verband deutscher Gewerbevereine und Handwerkervereinigungen sowie die großen genossenschaftlichen Verbände des Handwerks und des Gewerbes, seit dem Jahre 1920 auch die
sogenannten Handwerkerbünde an. Damit ist ein lückenloser Zusammenschluß
erreicht. An A u f g a b e n sieht der Reichsverband satzungsgemäß vor:

1. Sicherstellung des Handwerks und seiner beruflichen und wirtschaftlichen
Organisationen in der deutschen Wirtschaftsverfassung.

2. Wahrung der gemeinsamen Interessen des Handwerks, insbesondere An-
bahnung einheitlicher Durchführung der das Handwerk betreffenden Gesetze und
Verordnungen, Vertretung der Bedürfnisse und Wünsche des Handwerks und Herbeiführung ihrer Anerkennung durch das Reich und die Länder.

3. Förderung und Ausbau der fachlichen Organisation des deutschen Handwerks in Reichs-, Landes-, Bezirksverbänden und örtlichen Vereinigungen sowie
ihrer Selbstverwaltung.

4. Stärkung des fachlichen Unterbaues der deutschen Handwerks- und Gewerbekammern und Herbeiführung eines Ausgleichs zwischen den Arbeitsgebieten
der Fachverbände und der Handwerks- und Gewerbekammern und der Handwerkerbünde.

5. Herbeiführung einer Gemeinschaftsarbeit mit den Arbeitnehmern des Handwerks.

6. Pflege und Förderung der genossenschaftlichen Organisation im deutschen
Handwerk.

Seine Organe sind:
    1. Die Vollversammlung,
    2. Der Ausschuß,
    3. Der Vorstand,
    4. Der Geschäftsführer.

Der Reichsverband hat gemeinsam mit dem Kammertag eine Reihe von selbständigen Sonderausschüssen eingesetzt; außerdem werden im Bedarfsfalle außer-
ordentliche Kommissionen gebildet.

Außer der Gründungsversammlung 1919 in Hannover hat der Reichsverband
u. a. Vollversammlungen abgehalten in Jena, Bayreuth und Erfurt. Für seine
Veröffentlichungen bedient er sich des „Deutschen Handwerksblattes".

Der gemeinsamen Geschäftsstelle des Kammertages und Reichsverbandes
angegliedert ist das Wirtschaftswissenschaftliche Institut für Handwerkerpolitik.
Das Institut läßt drei Veröffentlichungsreihen erscheinen und zwar:
    1. Zeit- und Streitfragen des deutschen Handwerks,
    2. Archiv für Handwerkswirtschaft,
    3. Die Arbeiterfrage im deutschen Handwerk.

Der Reichsverband des deutschen Handwerks ist als Spitzenvertretung des deutschen Handwerks allgemein anerkannt. Er wurde Mitglied der Zentralarbeitsgemein-
schaft der industriellen und gewerblichen Arbeitgeber und Arbeitnehmer Deutschlands sowie des Zentralausschusses der Unternehmerverbände und benannte die
16 Vertreter des selbständigen Handwerks im Vorläufigen Reichswirtschaftsrat.
Der Reichsverband hat das Schwergewicht seiner Arbeit auf die Frage der beruflichen Neuorganisation des Handwerks gelegt und im Jahre 1921 den Entwurf eines
Reichsrahmengesetzes über die Berufsvertretung des Handwerks und Gewerbes
veröffentlicht. Dieser Entwurf bildet seitdem die Grundlage für die Verhandlungen
mit der Reichsregierung, insbesondere dem zuständigen Reichswirtschaftsministerium, und sollte noch im Jahre 1923 den gesetzgebenden Körperschaften zugehen[1]).

Der Grundgedanke des Entwurfs ist der der fachlichen Gliederung von der
untersten Stufe („Innung" oder „Fachverband") bis zur obersten Stufe („Reichsverband"), und zwar nach dem Grundsatze der Pflichtzugehörigkeit. Der berufs-

---

[1]) Der am 7. 12. 1924 gewählte Reichstag hatte schon am Tage seines Zusammentritts
einen Antrag vor sich, „den in Vorbereitung befindlichen Gesetzentwurf, betreffend die Berufs-
organisation des Handwerks, mit möglichster Beschleunigung dem Reichstage vorzulegen."
Am 22. 1. 1926 hat dann der Reichstag erneut die Vorlegung einer Reichshandwerksordnung
gefordert.

ständischen Zusammenfassung entspricht die horizontale Gliederung durch Zusammenschluß der einzelnen Handwerksberufe innerhalb bestimmter Verwaltungsgebiete in gemeinschaftlichen Berufsvertretungen, den Handwerks- und Gewerbekammern ¹).

Der Entwurf wird zur Zeit im Reichswirtschaftsministerium bearbeitet. Einen wesentlichen Einfluß auf die Gestaltung des geplanten Berufsgesetzes wird die Durchführung des Artikels 165 der Reichsverfassung haben, der die Schaffung von B e z i r k s w i r t s c h a f t s r ä t e n vorsieht. Es wird vor allem darauf ankommen, ob den Bezirkswirtschaftsräten ein besonderer Unterbau gegeben wird, oder ob die bestehenden Berufskammern als Unterbau für die Bezirkswirtschaftsräte benützt und zu diesem Zwecke anders zusammengesetzt werden. Das Handwerk will hier auf dem Wege der Gesetzgebung sich eine Organisation schaffen, die andere Berufsstände mit anderen Mitteln zu erreichen in der Lage sind.

Der Reichsverband hat es im großen und ganzen vermocht, auf der Grundlage der Gewerbefreiheit, der anscheinend auch die Handwerkerbünde jetzt nicht mehr widerstreben, die Handwerkerschaft von der bloßen Kritik ab- und einer mehr positiven Einstellung zuzuwenden und eine Berufsstandspolitik zu formulieren, die zwar das Problem „Fabrik und Handwerk" noch nicht löst, in der Hauptsache aber dem Handwerk eine feste Stellung beim wirtschaftlichen, wirtschaftspolitischen und sozialen Aufbau sichert. Eine Wiedergabe der vom Reichsverband im Jahre 1920 aufgestellten Forderungen führt am besten in die heutige Anschauungsweise des Handwerks ein:

1. Anerkennung des Handwerks als selbständiger Beruf und seine Einordnung und Erhaltung in der neuen Wirtschaft gemäß den Beschlüssen der Preußischen Landesversammlung vom 8. VII. ²).

2. Anerkennung des Reichsverbandes des deutschen Handwerks als rechtmäßige Vertretung des Handwerks; Prüfung und Begutachtung neuer Gesetze und Verordnungen, die das Handwerk berühren, durch den Reichsverband und Heranziehung des letzteren bzw. seiner Untergruppen zur Mitwirkung bei der Durchführung derselben.

3. Errichtung einer besonderen Abteilung für das Handwerk im Ministerium für Handel und Gewerbe unter Leitung eines sachverständigen Staatssekretärs.

4. Ablehnung jeder Sozialisierung und Kommunalisierung des selbständigen Handwerks; Beseitigung der Uebernahme und Ausführung von Handwerksarbeiten durch staatliche und gemeindliche Regiebetriebe.

5. Weitestgehende Beteiligung des Handwerks, insbesondere seiner Genossenschaften an öffentlichen Arbeiten und Lieferungen; Neuprüfung der geltenden Bestimmungen für die Vergebungen und sorgfältige Ueberwachung der Durchführung derselben bis in die untersten Verwaltungsstellen. Einwirkung auf die Selbstverwaltungskörper in der gleichen Richtung.

6. Förderung des gewerblichen Genossenschaftswesens durch vermehrte Bereitstellung von Mitteln zur planmäßigen Pflege der Einzelgenossenschaften, Veranstaltung von Kursen usw., Stärkung der Kreditgenossenschaften durch zeitgemäße Mitwirkung der preußischen Zentralgenossenschaftskasse; Vermeidung jeder Bevorzugung der produktiven Genossenschaften der Arbeitnehmer und ihrer Unterstützung aus öffentlichen Mitteln.

7. Gerechte Verteilung der Steuerlasten in Staat und Gemeinde; Ablehnung jeder weiteren einseitigen steuerlichen Belastung von Handwerk und Gewerbe.

---

¹) Von anderer Seite — die Zahl der insgesamt aufgestellten Entwürfe beträgt rund ein Dutzend! — wird die Zwangsorganisation lediglich für die als Unterbau in Frage kommenden örtlichen Fachinnungen und für die Kammern verlangt, während die Fachverbände fakultativen Charakter tragen sollen.

²) Diese Beschlüsse lauten unter anderm:
In den Entwurf der neuen preußischen Verfassung ist die Bestimmung aufzunehmen: Der kaufmännische und gewerbliche Mittelstand ist lebenskräftig zu erhalten und insbesondere gegen Aufsaugung zu schützen.
Ohne das deutsche Handwerk ist ein Wiederaufbau der deutschen Wirtschaft nicht möglich. Unter allen Umständen muß daher die Regelung der künftigen Wirtschaft die Lebensfähigkeit des Handwerks erhalten und sichern.

8. Weiterführung und Ausbau der bestehenden Gewerbeförderungseinrichtungen, insbesondere weitere Maßnahmen zur Erziehung und Bildung des gewerblichen Nachwuchses, Förderung der Lehrlingsheime; großzügige Pflege des Fortbildungs- und Fachschulwesens und Sicherung eines ausreichenden Einflusses des Handwerks auf dessen Ausgestaltung.

9. Angemessene Vertretung des Handwerks im Abgeordnetenhause, in den Provinziallandtagen, den Kreistagen und Gemeindeverwaltungskörpern.

Forderung 3 wurde im Jahre 1925 dadurch erfüllt, daß dem Handwerk zwar nicht ein besonderes Staatssekretariat eingeräumt, jedoch eine Reichskommission für das Handwerk und den gewerblichen Mittelstand im Reichswirtschaftsministerium unter Angliederung eines Sachverständigenausschusses von 7 Mitgliedern geschaffen wurde.

Auch in der Praxis ist das Handwerk nunmehr entschlossen zur Anpassung an die neue Lage übergegangen, namentlich durch zweckmäßige Benutzung der neuzeitlichen T e c h n i k. Besondere Bedeutung kommt in diesem Zusammenhange dem vom b a d i s c h e n Handwerk in K a r l s r u h e errichteten F o r s c h u n g s i n s t i t u t f ü r r a t i o n e l l e B e t r i e b s f ü h r u n g i m H a n d w e r k zu, das der Reichsverband zur Zentralstelle für das ganze Reich bestimmt hat. Das Institut, mit dem das an der Handelshochschule in M a n n h e i m bestehende b e t r i e b s w i s s e n s c h a f t l i c h e I n s t i t u t zusammenarbeitet, hat den Zweck, wissenschaftliche Forschungsarbeit zur Förderung und Weiterbildung der handwerkerlichen Betriebswirtschaft zu leisten. Es soll auf die Innungen aufklärend eingewirkt werden. In welchem Sinne, mag die Wiedergabe einzelner Programmpunkte aus einem Instruktionskursus für Innungsleiter dartun. Dort wurde gesprochen über unproduktive Zeiten, Auswahl der Lehrlinge, Kraftmaschinen, Kraftübertragung, Arbeitsmaschinen, wärmetechnische Einrichtungen, Werkstatteinrichtungen und -anordnungen, Materialprüfung, Abfallverwertung und technische Betriebsleitung. Die Handwerkerpresse unterstützt diese Aufklärungsarbeit. Vereinzelt (B a d e n) wird die Handwerkswirtschaft im Sinne der Gewinnung des Auslandsmarktes durch eigens dazu eingerichtete Zentralstellen nach kaufmännischen Grundsätzen organisiert. Das Problem der P r e i s b i l d u n g fand unter den zunehmend schwierigen Verhältnissen steigende Beachtung und Behandlung. Ebenso jenes der L o h n p o l i t i k, die dem Handwerk durch immer größere Annäherung der Löhne der ungelernten an diejenigen der gelernten Arbeiter, im Hinblick auf die Abschreckung des Nachwuchses von einer mehrjährigen Handwerkslehre, gefährlich zu werden drohte [1]). Gefahr in letzterer Hinsicht droht dem Handwerk auch insofern, als die Gewerkschaften der Arbeiter wenigstens teilweise den Boden der früheren Auffassung des Lehrverhältnisses als eines Erziehungsverhältnisses verlassen und das Lehrverhältnis dem Arbeitsvertrag schlechthin unterordnen wollen. Hier liegt eine Ueberspannung des Tarifvertragsgedankens vor, die um so weniger begründet ist, als das Handwerk, im Gegensatz zur Industrie, sich schon lange vor dem Kriege grundsätzlich mit dem Tarifvertrag abgefunden hatte. Das Ausbrechen des Lehrlingsverhältnisses aus der Ordnung des Handwerks würde den nunmehr so nachdrücklich und folgerichtig erstrebten berufsständischen Standpunkt empfindlich treffen.

Aehnliche Bestrebungen von anderem Ausgangspunkte aus verfolgt der R e i c h s a u s s c h u ß d e s K u n s t h a n d w e r k s , zu dem Mitte 1926 die maßgebenden Verbände des Kunsthandwerks zusammengetreten sind. Das Programm, mit dem die neue Gründung an die Oeffentlichkeit trat, ist in mehr wie einer Hinsicht charakteristisch für die Einstellung der beteiligten Kreise zu Strö-

---

[1]) Der seit Ende 1924, dann besonders seit 1925 eingetretenen Wirtschaftskrise stehen einzelne Handwerkszweige bereits wieder mit einem Uebermaß an Nachwuchs gegenüber. Das Lehrlingsproblem ist alsdann auch von der Industrie systematisch angefaßt worden, insbesondere seit Gründung des Arbeitsausschusses für Berufsausbildung (Vorsitzender v. B o r s i g).

mungen der Zeit und institutionellen Ergebnissen daraus, impliziert aber auch bestimmte Forderungen einer Mittelstandspolitik, so daß hier davon Kenntnis zu nehmen ist:

Der Reichsausschuß will die Oeffentlichkeit über die Bedeutung kunstgewerblicher Arbeit aufklären und schmuckfeindliche Typisierung und Normalisierung bekämpfen. Er verkennt durchaus nicht, daß bei den heute zur Verfügung stehenden beschränkten Mitteln eine Rationalisierung der Arbeit unvermeidlich ist, diese darf aber nicht in einer Mechanisierung und Gleichmacherei enden, und nicht das wertvolle technische Können unseres Kunsthandwerks vernichten. Der Reichsausschuß wendet sich gegen eine Bevormundung des Kunsthandwerks und gegen die einseitige behördliche Förderung bestimmter Kunstrichtungen. Er bekämpft alle Versuche der S o z i a l i - s i e r u n g im Kunstgewerbe und jede Konkurrenz, die dem freien kunstgewerblichen Schaffen durch staatliche Einrichtungen entsteht. Er sieht insbesondere eine Gefahr darin, daß Kunstschulen mit öffentlichen Mitteln, der Arbeitskraft der ihnen anvertrauten Schüler und umgeben von dem Nimbus des Offiziellen dem Gewerbe Konkurrenz machen. Die Bedeutung und die Aufgabe der Schulen soll nicht verkannt werden, sie sollen aber Unterrichtsstätten bleiben, und ihre festbesoldeten Lehrer und Professoren sollen Lehrer und Förderer des Kunstgewerbes und nicht seine Konkurrenten sein. Der Ausschuß weist jeden Versuch zurück, diesen seinen Standpunkt in einen Kampf gegen die freien Künstler umzudeuten. Darüber hinaus will der Reichsausschuß, ohne die Tätigkeit der Fachverbände zu beeinträchtigen, eine einheitliche Front des gesamten Kunsthandwerks und der kunstgewerblichen Betriebe in allen gemeinsamen wichtigen Wirtschaftsfragen herbeiführen, um für das gesamte Kunsthandwerk die Stoßkraft zu erreichen, die die einzelnen zersplitterten Verbände nicht erlangen können.

Schließlich hat das Streben, die Qualitätsarbeit wieder volkstümlich zu machen, zu verschiedenen Maßnahmen geführt, von denen die Gründung der A r - b e i t s g e m e i n s c h a f t f ü r d e u t s c h e H a n d w e r k s k u l t u r be- sonders bedeutsam werden könnte. In dieser Arbeitsgemeinschaft haben sich unter Führung des Reichskunstwarts der Deutsche Handwerks- und Gewerbekammertag, der Werkbund, der Deutsche Bund für Heimatschutz, der Verband deutscher Kunstgewerbevereine und eine Anzahl von Behörden zusammengeschlossen, um sich die Förderung handwerkerlichen Könnens und die Herbeiführung allgemeiner Anerkennung der Qualitätsarbeit zum Ziele zu setzen. Diese Arbeitsgemeinschaft kann, gut geleitet, kultur- wie produktionspolitisch von größtem Einfluß werden. Allein die Frage der Werkstatt- und Werkzeugkultur beispielsweise ist von einer Bedeutung, die, wenn die Frage einigermaßen befriedigend gelöst wird, weit über die Grenzen des Handwerks als Berufsstandes hinausgreift.

Geht aus dem Dargelegten hervor, daß sich das Handwerk von heute im allgemeinen bemüht, aus eigener Kraft die Grundlage für eine tragfähige und dem Volksganzen zugute kommende berufsständische Politik, als Teil einer neuzeitlichen Mittelstandspolitik, zu schaffen, so bedarf es doch noch eines besonderen Hinweises auf die Arbeit des von K ü k e l h a u s seit 1903 geleiteten R h e i n i s c h- w e s t f ä l i s c h e n T i s c h l e r i n n u n g s v e r b a n d e s mit dem Sitz in E s s e n. Denn hier ist ein schöpferischer und konstruktiver Geist tätig, eine Mittelstandspolitik — nicht als bloße Fürsorgepolitik von oben herunter, sondern — als vorwiegend korporative Selbstverwaltung mit sozial- und produktionspolitischen Aufgaben und Zielsetzungen durchzuführen, die geeignet sein könnte, nicht nur den Begriff „Mittelstand" überhaupt wieder mit konkretem Inhalt zu füllen und der unumgänglich neuen Schichtung der Gesellschaft vorzuarbeiten, sondern zugleich auch gewisse allgemeine Wirkungen in produktionstechnischer Hinsicht hervorzurufen[1]). Dieser Innungsverband geht davon aus, d i e I n n u n g z u m M i t t e l p u n k t der ganzen Organisation des Handwerks und zum umfassenden O r g a n d e r H a n d w e r k e r b e w e g u n g zu machen. Insbesondere sollen die Innungen und die Innungsverbindungen in irgendeiner Form — auf das Wie kommt es hier nicht an — auch mit den geschäftlich-wirtschaftlichen Angelegen-

---

[1]) Nach der Niederschrift dieser Zeilen fand die hier gekennzeichnete Entwicklung eine ausführliche Behandlung in einer eigenen Schrift von G r a n d e r a t h (Karlsruhe 1925).

heiten befaßt werden. Dem steht § 100 n der GO. entgegen, weswegen ihn die rheinisch-westfälische Bewegung bekämpft. Aber es ist nicht zu verkennen, daß auch die Handwerkskammern im allgemeinen und selbst der Reichsverband des deutschen Handwerks, dem der Tischlerinnungsverband nicht angehört, dessen Bestrebungen ablehnend gegenüberstehen. Das Interesse des Volkswirtschaftlers und Gewerbepolitikers wird dessen ungeachtet von der Eigenwilligkeit dieser Bewegung, die etwas gesund Organisches an sich hat, in stärkster Weise angezogen. Die hier erstrebte Standesorganisation soll darauf eingestellt sein, „die wirtschaftlichen (Fachkunst und Preiswirtschaft) und sittlichen Grundlagen des Tischlerhandwerks unter den leitenden Gesichtspunkten zu ordnen und gesund zu erhalten, daß das Tischlerhandwerk ein wichtiger Berufsstand in der Volkswirtschaft ist und es zum Wohle des Ganzen darauf ankommt, diesen Stand so zu vervollkommnen und tauglich zu erhalten, daß er die Volksbedürfnisse an Tischlerarbeiten in der denkbar rationellsten Weise befriedigen kann". Während die Innung die Einheit in der Handwerkerorganisation, das entscheidende Organ ist, sollen alle anderen Organe des Handwerks, die Innungsausschüsse und -Verbände sowie die Handwerkskammern, darauf hinwirken, die Arbeit der Innungen in Fluß zu bringen, sie zu fördern und zu stützen. Die erste Sorge gilt einem geordneten und ausreichenden Verwaltungsapparat für die Innungen, der die Mitglieder und die Organisationen nicht nur mit den „laufenden Arbeiten", sondern auch mit der Gesamtentwickelung der Wirtschaft und des Gewerbes in ständiger Verbindung hält. Eine entsprechende Statutenabänderung und besondere Lehrkurse für Innungsverwalter, mit gleichzeitiger praktischer Einarbeitung an geeigneten Stellen, leiteten die Neuerung ein. Die im Innungsausschuß zusammengeschlossenen örtlichen Innungen richteten in immer mehr Orten ein gemeinsames Verwaltungsbureau mit einem bestellten und besoldeten Innungsverwalter ein, was zugleich zur Vereinfachung und Verbilligung beitrug. Der Verband selbst hat eine zentrale Geschäftsstelle mit je einer besonderen Abteilung für die Entwickelung der Werktüchtigkeit, für wirtschaftliche Gemeinschaftsarbeit, Preispolitik und Innungsgründung (unter dem Einfluß der Verbandstätigkeit nimmt die Anzahl der Innungen schnell zu) und außerdem eigene Entwurfs-, Zeichen- und Kalkulationsbureaus. Das Verbandsorgan, „Das Tischlergewerk", ist obligatorisch für die Mitglieder der Innung, die es auch für die Mitglieder der Gesellenausschüsse beziehen sollen. Der Ernst und die Zielgerichtetheit der ganzen Arbeit des Verbandes spricht besonders aus den Bemühungen um die Schaffung einwandfreier Grundlagen für die Berechnung der Preise, deren Vorarbeiten sich der Geschäftsführer den ganzen Zeitraum von 1903—1906 kosten ließ, mit dem Erfolge, daß nunmehr genaue und jederzeit zu ergänzende Schemata für die Berechnung der Kosten des Rohmaterials, der Zutaten, der Löhne, der Geschäftsunkosten usw. zur Verfügung stehen und jede Anfrage um genaueste Kostenanschläge in kürzester Frist beantwortet werden kann. Das Ergebnis wurde auf Grund einer Durchrechnung von mehr als 6000 häufig vorkommenden Bautischlerarbeiten gewonnen und in Versammlungen mit den Meistern, unter Benutzung von Wandtafeln, allenthalben und immer aufs neue durchgesprochen. Dadurch kam Stetigkeit und Festigkeit in das ganze Gewerbe hinein, das sich nunmehr mit Sicherheit in seinen produktionspolitischen Maßnahmen bewegen konnte. Vor allem auch war ein vorzügliche Handhabe zur praktischen und theoretischen Schulung des Nachwuchses gegeben. Natürlich ließ sich danach auch das Submissionswesen positiv reformieren, wozu denn auch die gesamte Verbandstätigkeit sehr wesentlich beigetragen hat. Es wurde eine enge Gemeinschaftsarbeit namentlich mit den Stadtverwaltungen angebahnt, während zugleich das Publikum in den Sinn der Qualitätsarbeit eingeführt wurde. So ausgerüstet trat der Verband an seine eigentliche Aufgabe heran, die Organisationszersplitterung im Handwerk (besondere Organisationen für den Einkauf der Rohstoffe, für die Regelung des Lohn- und Arbeitsverhältnisses, für die Regelung der Preiswirtschaft usw.) z u b e h e b e n und alle die einzelnen Betätigungen aus e i n e m Geist heraus zu betreiben, deren Träger die Innung und der Verband der Innungen sein sollen. Solange das Gesetz im Wege steht, sollen Nebeneinrichtungen der Innungen diese Aufgabe lösen. Jedenfalls wird alles unternommen, um die Innung als Standesorganisation zur Grundlage einer Produktionsgemeinschaft zu machen. Die Innungen sollen P e r s o n a l organisationen sein, die wirtschaftliche Gemeinschaftsaufgaben, nicht nach Art der Genossenschaften auf kapitalorganisatorischer, sondern eben auf personalorganisatorischer Grundlage erfüllen. So können nicht nur schwächere Betriebe leistungsfähig gestaltet, sondern es kann auch der Kliquengeist mit Aussicht auf Erfolg bekämpft werden. Um die Arbeit wirtschaftlich möglichst ergiebig zu gestalten, trat der Verband in ein Kartellverhältnis mit verschiedenen, für die Arbeit des Tischlers wichtigen Gewerben. Namentlich im Kriege konnte dieses K a r t e l l d e r H a n d w e r k e r f a c h v e r b ä n d e größere Aufträge und gemeinsame Lieferungen hereinbringen und durchführen. Um die Lieferung von Qualitätsarbeit sicherzustellen, beraten die Arbeitsgemeinschaften ihre Mitglieder schon von dem Augenblick der Anlage der Werkstatt an, während die Art der Arbeitsausführung stets gemeinschaftlich besprochen und durch Qualitätskontrolleure bewacht wird. Natürlich ist von da aus die Heranbildung eines tüchtigen Nachwuchses in ganz anderer Weise gesichert, als wenn es sich um rein theoretische Darbietungen handelt. Die Sicherung von ständiger Arbeitsgelegenheit wird durch Anregung der Vorratsarbeit „gängiger" Güter zu erreichen versucht, was durch Patenterwerbungen unterstützt wird. Weitere Einrichtungen des Verbandes sind einmal die dem Verband angeschlossenen Genossenschaften zur Förderung des Tischlergewerbes mit der Zwecksetzung, die zum Aufbau des Verbandes nötigen Gelder aufzubringen und zwar, außer der eigenen Geschäftsbetätigung, durch Vertragsabschlüsse mit Lieferanten zur Erwerbung von Rohstoffen, zur Verbesserung der Werkstatteinrichtung usw.; dann die Herstellung und Bereitstellung von Vorlagewerken und die Abhaltung von Ausstellungen zur Förderung der Möbelherstellung, die Lieferung von Möbeln in Form der Abzahlungsgeschäfte, um so mit den großen Warenhäusern in einen erfolgreichen Wettbewerb zu treten, gleichzeitig aber auch Qualitätsarbeit auch unter das kleine und kleinste Publikum zu bringen. Ein ganz besonderes Kapitel ist schließlich die Einflußnahme auf das Verhältnis zwischen Meistern und Gesellen. Der Verband drängt mit aller Kraft auf eine G e m e i n s c h a f t s a r b e i t m i t d e n G e s e l l e n überall dort, wo eine solche angängig ist und Aussicht auf Erfolg bietet. Darum hat er nicht bloß die Abhaltung von Fachvorträgen für Meister und Gesellen in den Innungen und die Hebung der Werkstattarbeit durch die Beilage zum Organ „Für die Werkstatt" eifrigst betrieben, sondern auch die Regelung der Lohn- und Arbeitsverhältnisse in die eigene Hand genommen, um diese Verhältnisse mit der Eigenart des Gewerbes, unter der Losung des Ausgleichs von Leistung und Gegenleistung, in innigsten Einklang zu bringen und darin zu erhalten, was bei der heutigen Einstellung der Gewerkschaften durchweg erst nach Ueberwindung der größten Schwierigkeiten gelungen ist. Ein bemerkenswerter und, angesichts des üblichen Mißtrauens zwischen Arbeitgebern und Arbeitnehmern, vor kurzer Zeit noch kaum geahnter Erfolg auf diesem Gebiete ist die Gründung der „A r b e i t s k a m m e r d e s d e u t s c h e n H o l z g e w e r b e s" im Jahre 1921. Hier haben sich Arbeitgeber und Arbeitnehmer zu gemeinschaftlicher Selbstverwaltung ihres Berufsstandes verbunden. Die Arbeitskammer soll Meister und Gesellen dort zusammenarbeiten lassen, wo sie ihr heimatliches unmittelbares Wirtschaftsleben verbringen müssen. Sie soll dadurch das Verantwortlichkeitsgefühl der Gesellen für die wirtschaftlichen und kulturellen Aufgaben ihres Berufsstandes stärken und den Frieden im Berufe herbeizuführen versuchen. Diese Arbeitskammer soll das Gewerbe innerlich heben und nach außen vertreten. Ob und inwiefern diese Arbeitskammer irgendwie für die Errichtung der nach der Reichsverfassung in Aussicht genommenen Bezirkswirtschaftsräte verwertet werden kann, läßt sich noch nicht übersehen.

Um sein Ziel erreichen zu können, hat der Tischlerinnungsverband schließlich Entwürfe ausgearbeitet zu Regeln für den Verkehr der Gewerbeangehörigen mit den Architekten und sonstigen Bauleitern, um auf diese Weise, wiederum in praktischer Tätigkeit, dem Bauschwindel und dergleichen entgegenzutreten. Ferner ist eine Gemeinschaftsarbeit mit dem Holzhandel eingeleitet, um den Zustand aus der Welt zu schaffen, daß namentlich kleinere Tischler in zu starke Abhängigkeit von den Holzhändlern geraten. Diesem Zwecke dienen, neben der Regelung des Kreditwesens, die Einführung von einheitlichen Maßberechnungen zur Unterbindung unlauteren Gebarens von seiten gewissenloser Händler, die Festlegung bestimmter Regeln für den Verkehr zwischen Holzhändlern und Tischlermeistern, die regelmäßige Veröffentlichung und Bekanntmachung der Holzpreise. Mit einer Reihe anderer Handwerkerfachverbände unterhält der Tischlerinnungsverband ebenfalls rege Beziehungen, wie er denn auch ferner die gesamte Mittelstandsbewegung und -arbeit im rheinisch-westfälischen Industriegebiet stark beeinflußt hat.

Abschließend sei festgestellt, daß, wenn überhaupt handwerkliche Mittelstandspolitik als berechtigt anerkannt werden soll, der Rheinisch-westfälische Tischlerinnungsverband ein Beispiel dafür gibt, wie solche Politik in der Selbsthilfe der Beteiligten selber positiv grundgelegt werden kann. Man kann darüber streiten, ob die Form in allen Fällen die richtige ist oder war und uns hier liegt nichts ferner als etwa eine Stellungnahme in dem Streit zwischen dem Verband und den Handwerkskammern. Nur die Wirksamkeit als solche und ihr Wesenskern stehen hier zur Erörterung. Es genügt jedenfalls für das Handwerk von heute nicht mehr, Mittelstandspolitik mit der bloßen Begründung zu fordern und zu vertreten, daß dem Staat und der Gesellschaft wie auch der Wirtschaft insbesondere an der Erhaltung einer möglichst großen Zahl von selbständigen kleineren und mittleren Existenzen alles gelegen sein müsse. Diese Existenzen haben den Beweis zu erbringen, daß sie als solche eine Funktion von Wichtigkeit erfüllen, besser erfüllen, als das in irgendeiner anderen Zusammensetzung und Schichtung der Gesellschaft möglich sein würde, und daß daraus, neben wirtschaftlichen und gesellschaftlichen, kulturelle Vorteile entspringen. Die betreffende Schicht hat dann vor allem ihren eigenen Lebenswillen und ihre Lebensfähigkeit durch eindringliche Versuche, ihr Geschick selber zu meistern, zu erweisen, ehe sie eine staatliche Politik fordern darf, die sich mit besonderen Einrichtungen und Maßnahmen den Bestrebungen dieser Schicht unterstützend und fördernd an die Seite stellt oder aber sie auf gewissen Gebieten entlastet, wo eine zu schematische Belastung der Entwicklung der Schicht verhängnisvoll zu werden droht. Wie ein solcher Beweis zu führen ist, zeigt mehr wie alle anderen handwerklichen Bemühungen der Gegenwart das Vorbild der rheinisch-westfälischen Tischlerinnungsbewegung. Findet dieses Vorbild in vielleicht noch besseren und angemesseneren Formen Nachahmung, so wird jeder Wirtschafts-, Gesellschafts- und Kulturpolitiker sich an die Seite des Handwerks stellen und nach Kräften dazu beitragen, die hier gegebenen, dem lebendigen Leben entsprießenden Möglichkeiten zur Neuschichtung unserer Volksgemeinschaft in jeder irgendwie möglichen Art und Weise, vor allem auch, soweit notwendig, mit Hilfe der Gesetzgebung, fest zu fundamentieren. Wirtschaftlich ist das deswegen von höchstem Belang, weil die praktische und positive Pflege des Gewerbesolidarismus und das Hinarbeiten auf die richtige gesellschaftliche Schichtung zu den vornehmsten Grundlagen aller Produktionspolitik gehören.

B. Der Handel (Detail-, Einzel-, Kleinhandel).

a) Vor dem Kriege.

Die Gewerbefreiheit, als der Ausdruck grundlegender neuer Wirtschafts- und Verkehrsverhältnisse, hat, wie für das Handwerk, so auch für den Handel eine umwälzende Bedeutung gehabt. Wohl waren der mit Fremd- und Altwaren arbeitende Händler der strengen Zunftzeit, der handwerksmäßig arbeitende Händler im S o m b a r t schen Sinne und der Krämer längst nicht mehr die einzigen Vertreter des Handels, als die Gewerbefreiheit eingeführt wurde. Es braucht nur auf die großen Geschlechter der „königlichen" Kaufleute, auf die F u g g e r, W e l s e r usw. hingewiesen zu werden und ferner auf den Verleger der frühkapitalistischen Zeit, der in sehr vielen Fällen Kaufmann war. Im Laufe der Zeit hatte sich außerdem aus der Schicht der Krämer als vorwiegender Gemischtwarenhändler immer mehr der kleinhändlerische Spezialist entwickelt, der dann, im Anschluß an das Aufkommen des Manufakturgroßbetriebes, neue Erwerbsmöglichkeiten durch den Verkauf fabrikmäßig hergestellter Waren erhielt. Allein erst die Periode der Großindustrie mit ihrer gewaltigen Ausdehnung der Herstellung gebrauchsfertiger Waren, zugleich als die Zeit eines riesenhaften Wachstums der Bevölkerung wie der Steigerung des Reichtums und der Bedürfnisse, aber auch des freien Wettbewerbs, schuf, als unaufhaltsam zunehmende Schicht, den eigentlichen kaufmännischen Mittelstand, wie er insbesondere in der zweiten Hälfte des vorigen Jahrhunderts mit eigenen Forderungen einer Mittelstandspolitik vor uns steht. Das Aufkommen der W a r e n - u n d K a u f h ä u s e r, der K o n s u m v e r e i n e und anderer Bestrebungen zur Ausschaltung des Handels, die Ausdehnung des Wandergewerbes, der Warenauktionen und Konkursverkäufe und eine Anzahl von weiteren Erscheinungen haben diese Forderungen immer dringlicher gestaltet. Von allen Schichten des Mittelstandes ist dem Detail- oder Kleinhändler schon in der Vorkriegszeit der Aufruf zu einer ihn besonders schützenden Mittelstandspolitik von Gesetzes wegen wohl am schwersten gemacht worden. Seine Existenzberechtigung ist sicherlich am wenigsten fraglos. Sie wurde, wie wir sahen, schon zu einer Zeit angefochten (wenn auch weniger theoretisch als praktisch durch das Vorgehen der Zünfte), als noch der mittelalterliche ordo jeder Tätigkeit und jedem Stande seine Stelle zubilligte, da ja auch der Stand der Krämer selber sich der Struktur des Handwerks anpaßte und für den einzelnen Zugehörigen in traditioneller Art mit der Sicherung der „Nahrung" sich zu begnügen hatte. Immer weniger fraglos aber mußte die Existenzberechtigung werden, als sich mit dem Siegeszuge des Kapitalismus das rationelle Denken verbreitete und schließlich auch die große Masse erfaßte. Dem rationellen Denken, erst recht, wenn es in irgendeiner Form „planwirtschaftlich" orientiert wird, tritt der Kleinhandel immer störend, als „überflüssiges Zwischenglied", in den Weg; ihm scheint er keine Funktion auszuüben, die nur in der Art des heutigen Kleinhandels mit Nutzen auszuüben wäre. Dennoch hat der Kleinhandel in der Zeit vor dem Kriege nicht vergeblich an den Gesetzgeber um mittelstandspolitische Maßnahmen in seinem Sinne appelliert. Trug aber schon die mittelstandspolitische Einstellung des Handwerks vor dem Kriege in starkem Maße negativen oder Abwehrcharakter, so ist das für den Detaillisten und Kleinhändler sozusagen ausschließlich der Fall. Diese Abwehr ist gewissermaßen der Gegendruck, der sich dem Druck entgegenzustellen sucht, welcher von der wirtschaftlichen Entwicklung mit ihren Folgen ausgeht, ein Druck, der dem Detailhandel auf „mittelständischer" Grundlage nicht günstig ist, obwohl anscheinend die Tatsache des weit über den Prozentsatz der Bevölkerungsvermehrung hinaus anwachsenden mittelständischen Kleinhandelsbetriebes (1895—1907 Zunahme der Bevölkerung 19%, der Warenhandelsbetriebe mit 1—5 Beschäftigten 34%; die Zunahme der Betriebe mit 6—50 Beschäftigten und der eigentlichen Großbetriebe ist freilich noch viel größer) das Gegenteil besagt.

Auch die Tatsache, daß die moderne Nationalökonomie den Handel, der die örtliche Knappheit der Natur an wirtschaftlichen Gütern zu überwinden habe (E h r e n-
b e r g), mit in die Produktion als Vorbereitung des Konsums (C a s s e l) einbe-
zieht und damit selbst, ganz abgesehen von dem Prinzip des freien Wettbewerbs,
auch den Kleinhandel in sich stärker begründet, als es je zuvor der Fall gewesen,
kann einer händlerischen Mittelstandspolitik kaum auf die Beine helfen. Sie kann
nicht die Tatsache verdecken, daß der Betrieb des Kleinhändlers durchweg un-
wirtschaftlich und preisverteuernd wirkt. Es dürfte noch das möglichst günstige
Urteil sein, welches mit den Worten R. E h r e n b e r g s ausgesprochen ist: „Eine Ausschaltung des berufsmäßigen Kleinhandels ist eher möglich und dessen wirtschaft-
lichere Organisation wahrscheinlich notwendig. Doch findet diese Entwickelung er-
fahrungsgemäß ganz bestimmte Grenzen." Daher trifft für die Mittelstandspolitik
zugunsten des Kleinhandels tatsächlich in vollem Umfange zu, was L e d e r e r von
der Mittelstandspolitik im allgemeinen sagt, daß sie nämlich nicht produktionspolitisch, sondern nur s o z i a l begründet werde. Dieser soziale Ausgangspunkt für die
Mittelstandspolitik läßt sich kennzeichnen mit irgendeiner Variation des eingangs
erwähnten Satzes, daß die Erhaltung einer hinreichend starken Schicht von selbständigen Existenzen bei ihrer „Nahrung" eine Staatsnotwendigkeit sei, wobei dann
etwa angefügt wird: Die Erhaltung dieser Selbständigkeit zugleich mit der Sicherung
der Befriedigung der hauptsächlichen Bedürfnisse komme der Entwicklung der
individuellen Fähigkeiten und der unumgänglich notwendigen Aufrechterhaltung
des sozialen Friedens am besten entgegen. Die belangreichste soziale Eigenschaft
des Mittelstandes sei das Maßhalten in den Bedürfnissen und dem Streben nach
Ehren und Reichtum, das hinwiederum „allen die größtmögliche Verteilung des
Wohlstandes ermöglicht" (L a m b r e c h t s). „Die Ausschaltung des Mittelstandes bereitet den nationalen Untergang vor." (P e s c h.) Nur eine solche soziale
Einstellung könnte in der Tat über die unumstößliche Gewißheit hinwegbringen,
daß wesentliche Maßnahmen der, gemäß den händlerisch-mittelständlerischen
Forderungen unternommenen Mittelstandspolitik glatt versagt haben: wie wollte
man o h n e einen solchen „höheren" Gesichtspunkt namentlich gegenüber den
radikalen Umwälzungen der neuesten Zeit und ihren Folgen bestehen?

Die staatliche Mittelstandspolitik kommt zunächst zur Geltung in der H a n-
d e l s p o l i t i k, soweit sie, im Unterschied von der Handelspolitik als eines
besonderen Zweiges der a u s w ä r t i g e n Politik des Staates, i n n e r e Handelspolitik ist. Nachdem die letzten Reste des alten Innungswesens abgetan sind,
herrscht im Betrieb des Handelsgewerbes im allgemeinen völlige Freiheit, soweit
nicht Rücksichten der öffentlichen Ordnung, der Sitte, des Gesundheitsschutzes gewisse Einschränkungen erforderlich machen. Weitere Beschränkungen treffen das
W a n d e r g e w e r b e, d. h. den Handel im Umherziehen, und solche Beschäf-
tigungen, die sich dem Wandergewerbe nähern. In diesen Beschränkungen macht
sich die Mittelstandspolitik geltend, die den einheimischen Gewerbetreibenden
zugute kommen soll. Sie beziehen sich einmal auf die Gewerbetreibenden außerhalb des Ortes der Niederlassung, ob es sich nun um den Geschäftsinhaber selber
oder um Handlungsreisende handelt, und sodann auf den sogenannten ambulanten
oder Hausierhandel ortsangesessener Personen. In Betracht kommen hier die
Bestimmungen der Gewerbeordnungsnovelle vom 1. Juli 1883, wonach sowohl der
ambulante Handel wie das Reisegeschäft vom stehenden Gewerbebetrieb aus dem
gewöhnlichen Hausierhandel in vielem völlig gleichgestellt wird. Weitergehende
mittelständlerische Forderungen, die den Handelsreisenden das Nachsuchen von
Bestellungen bei Privatkunden (Nichtgeschäftsleuten) untersagt oder nur gegen
eine Ortssteuer gestattet wissen wollten, gingen damals nicht durch, abgesehen
von Bestellungen auf Branntwein und Spiritus im Wandergewerbebetriebe und
von der Zulassung besonderer Vorschriften für das Aufsuchen von Privatbestel-
lungen im ambulanten Lokalgewerbe. Größere Erfolge im Sinne der Bestrebungen

des Kleinhandels brachte das Gesetz vom 6. August 1896: Von zulässigen Ausnahmen abgesehen, wird dem Handelsreisenden das Aufsuchen von Privatbestel-
lungen ohne vorhergegangene ausdrückliche Aufforderung verboten. Das „Detail-
reisen" ist demnach vom Besitz eines Wandergewerbescheines abhängig. Das Gesetz selber sieht Ausnahmen vor in bezug auf Druckschriften und Bildwerke. Das
Gesetz verbot sodann auch das Abzahlungsgeschäft im ambulanten Gewerbe-
betriebe. Verboten sind ferner Wanderauktionen und Wanderverlosungen, während ein weiteres Bemühen dahin geht, den Betrieb von Wanderlagern einer
besonderen Erlaubnis gegen den Nachweis eines vorhandenen Bedürfnisses zu
unterwerfen.

Andere Mittel der Gesetzgebung haben versucht, die Kleinhändler in ihrem
wütenden Kampf gegen den Großbetrieb im Detailhandel in der Form großer
Spezialgeschäfte, der Warenhäuser und der Konsumvereine zu unterstützen.
Der Standpunkt der Kleinhändler in diesen Fragen ist rein mittelständlerisch,
nämlich soziale, gegebenenfalls auch wohl sozial-ethische Forderung; er kann auch
nicht wohl etwas anderes sein, da der Standpunkt des Kleinhandels wirtschaftlich,
d. h. etwa sein Hinweis auf eine etwaige größere Wirtschaftlichkeit des Kleinhandels, in dem Maße schwieriger geworden ist, als die Entwickelung namentlich
der Konsumvereine fortgeschritten ist und als im übrigen der Kleinhandel selber
sich kaum allgemein auf eine größere Qualifikation seiner Vertreter berufen kann,
nachdem immer mehr Kleinhändler ohne jede Vorbildung in das Gewerbe einge-
drungen sind. Die Forderung eines B e f ä h i g u n g s n a c h w e i s e s für Kleinhändler ist, neben Oesterreich, auch in Deutschland wohl gelegentlich aufgetaucht,
hat aber hier zu keinen durchgreifenden Maßnahmen geführt, so daß von da aus die
Stellung des Kleinhandels nicht zu stützen ist. Der Kernpunkt der Stellungnahme
des Kleinhandels ist der Hinweis auf die Gefahren der Konzentration, die durch
Warenhäuser und Konsumvereine gefördert werde. Von dem Vorwurf der wirtschaftlichen Schädigung des Konsumenten durch den großbetrieblichen Detailhandel sind die vorsichtigeren Vertreter des Mittelstandes mehr und mehr zu-
rückgekommen; sie haben im Gegenteil den Kleinhändlern die Nachahmung
mancher Arbeitsmethoden dieses Großbetriebes empfohlen, um sich auf diese
Weise in ihrer Stellung zu sichern. Worauf sich ihre Stellungnahme in der letzten
Zeit vor dem Kriege hauptsächlich einstellte, läßt ein ganz ausführliches Referat
des Belgiers Dr. L a m b r e c h t s auf dem III. Internationalen Mittelstandskongreß zu M ü n c h e n (1911) erkennen, das wohl am ersten eine wissenschaftliche Darlegung des kleinhändlerischen Standpunktes genannt werden kann.
Seine Hauptthesen seien hier (nach der kurzen Zusammenfassung von M ü f f e l-
m a n n , der dabei mit Recht das unzulässige Zusammenkoppeln von Warenhäusern und Konsumvereinen durch L a m b r e c h t s rügt) wiedergegeben, da eine
Einzelauseinandersetzung nicht im Bereich dieser Ausführungen liegt. L a m-
b r e c h t s stellt folgende Sätze auf:

„Vom Standpunkte des Wirtschaftslebens aus betrachtet, entsprechen die
Warenhäuser und Konsumvereine der heute überall herrschenden Tendenz der
Konzentration. Diese letztere wieder ergibt sich als notwendige Folgeerscheinung
der systematischen Enthaltung der Staatsgewalt auf dem Gebiet der Konkurrenz.
Da die Konzentration ihrem Wesen nach immer weiter um sich greift, so werden
sich Warenhäuser und Konsumvereine auch immer weiter ausdehnen. Das kann
lediglich geschehen auf Kosten der wirtschaftlich Schwächeren, einerseits der
einzelstehenden Gewerbetreibenden und andererseits der minder tüchtigen oder
minder kräftigen Zusammenschlüsse. Warenhäuser und Konsumvereine schädigen
die Produktion; denn sie setzen die Massenproduktion voraus, was eine Einschränkung des Produktionsgebietes und der in Betracht kommenden Produzenten
zur Folge hat. Dieses Konkurrenzgebaren führt zum Einkauf und zur Verwendung von Ersatzstoffen. Als Käufer üben die Warenhäuser und Konsum-

vereine einen anormalen Druck auf die Produzenten aus, und sie gehen allmählich zur eigenen Produktion über. Die Ausdehnung des Systems der Warenhäuser und Konsumvereine bietet gewisse Nachteile für das Personal, für das bei Durchführung des Systems jede Hoffnung zur Selbständigmachung schwindet. Durch die Teilarbeit in den Warenhäusern wird die Fähigkeit der Angestellten, ein Geschäft selbständig zu leiten, vermindert. Die Anhäufung von Tausenden von weiblichen Arbeitskräften und deren Abhängigkeit von männlichen Vorgesetzten schließen moralische Bedenken in sich. Eine weitere moralische Gefahr bildet auch das System des freien Eintritts in den Warenhäusern. Dem verkaufenden Personal, den Rayonchefs in den Warenhäusern und den Vorstandsmitgliedern in den Konsumvereinen bietet sich durch das System Gelegenheit, auf Kosten des Unternehmers sich persönliche Vorteile zu verschaffen. Auch für die Abnehmer ergeben sich gewisse Nachteile durch die geringe Auswahlmöglichkeit, die Entfernung der Verkaufsstellen, die Verminderung der Garantie, und in den Konsumvereinen sind die Abnehmer Träger des Risikos ohne direkten Einfluß auf die Leitung. Daraus ergibt sich, daß die Warenhäuser und Konsumvereine, vom soziologischen Standpunkte aus betrachtet, gegenüber den selbständigen Detaillisten ein minderwertiges System sind."

Vom Staate verlangte L a m b r e c h t s in der Hauptsache, daß er ein dem Großbetrieb weniger günstiges Terrain schaffe und nicht gar selbst durch Tarifermäßigungen, Krediterleichterung oder eigene Gründung von Konsumvereinen die Konzentrationstendenz zuungunsten des Mittelstandes stärke.

Wesentlich im Zusammenhang mit der Abwehr jener großbetrieblichen Entwickelung ist zum eigentlichen Exponenten der Politik zugunsten des händlerischen Mittelstandes eine S t e u e r p o l i t i k geworden, der man am liebsten streng prohibitiven Charakter gegeben hätte. Diese Steuerpolitik geht bezüglich der Warenhäuser dahin, sie durch Besteuerung ihres Umsatzes zu drosseln; bezüglich der Konsumvereine, sie um jede steuerliche Bevorzugung zu bringen. Die Warenhausbesteuerung führten unter anderem ein: B a y e r n durch das Gewerbesteuergesetz von 1899 (betreffend Warenhäuser, Großmagazine, Großbasare, Abzahlungs- und Versteigerungsgeschäfte sowie „gemischte" Versandgeschäfte), das eine nach dem Steuerumfang steigende „Normalanlage" vorsieht, welche unter Hinzurechnung der Betriebsanlage nicht unter $\frac{1}{2}\%$ und nicht über 3% des Geschäftsumsatzes betragen soll; P r e u ß e n durch das Gesetz vom 18. Juni 1900, das diejenigen Betriebe von Warenhäusern, Basaren, Versandgeschäften und ähnliche als stehende Gewerbe betriebenen Unternehmungen, die einen Kleinhandel mit mehr als einer der im Gesetz unterschiedenen vier Warengruppen betreiben und dabei einen Jahresumsatz von mehr als 400 000 M. erzielen, mit einer Steuer belegt, die von 1—2$\%$ des Umsatzes bis auf 20$\%$ des Ertrags steigt; S a c h s e n, das zunächst die Besteuerung des Umsatzes der betreffenden Art von Betrieben den Gemeinden überließ, seit 1912 aber sich um eine landesgesetzliche Besteuerung bemühte; W ü r t t e m b e r g, wo es keine Warenhausumsatzsteuer gibt, wohl aber seit 1903 einen Zuschlag zur allgemeinen Gewerbesteuer von 15—20$\%$; ferner einige kleinere Staaten wie B a d e n, B r a u n s c h w e i g usw. Schon vor dem Kriege gaben jedoch die einsichtigeren Führer des Mittelstandes zu, daß durch diese Steuerpolitik eines weitgehenden Schutzes des Kleinhandels eine Einschränkung des Herrschaftsgebietes der Warenhäuser nicht zu erreichen sei, daß vielmehr die wirtschaftliche Entwickelung darüber hinweggehe und, wie bereits erwähnt, daß dem kleingewerblichen Mittelstand anzuraten sei, etwaige Vorzüge des Warenhauses nachzuahmen. Ebensowenig hat die immer raschere und umfassendere Entwickelung der Konsumvereine aufgehalten werden können durch die Bemühungen, dieselben steuerlich mit den einzelnen Detaillisten gleichzusetzen. Diese Bemühungen setzten von dem Augenblick an ein, wo es klar wurde, daß der Staat nicht zum Verbot von Konsumvereinen zu bewegen sei, auch nicht zum

Verbot von Beamtenkonsumvereinen, während allerdings in letzterer Beziehung einzelne Regierungen den Beamten die Verwendung von Dienststunden und Diensträumen in Konsumvereinsangelegenheiten untersagten, namentlich soweit dabei irgendeine vermögensrechtliche Begünstigung von Konsumvereinen herausspringen könne. Auch hier blieb den Detaillisten nichts anders übrig, als gewisse Methoden der Konsumvereine nachzuahmen, was denn auch durch das Rabatt- und Sparwesen erfolgte, das durch Verleihung von Rabatten oder durch Einkleben von Marken mit Berechtigung auf bestimmte Waren zugleich das Borgsystem nach Art der Konsumvereine bekämpfte, indem es „Rückvergütungen" einführte.

Mittelständischen Charakter tragen teilweise auch mancherlei gesetzliche Bestimmungen, sei es in der Gewerbeordnung, sei es in besonderen Gesetzen, die den Handel mit gewissen Waren scharf abgrenzen, wie z. B. den Kleinhandel mit Branntwein, Bier, den Handel mit Giften, mit Arzneien, den Betrieb des Trödelhandels, den Handel mit Losen oder Bezugs- und Anteilscheinen auf solche Lose, insbesondere mit Losen auswärtiger Lotterien, den Handel mit Geheimmitteln, den Handel mit Gold- und Silberwaren usw.

Eine mittelständische Schutzmaßnahme im weiteren Sinne ist sodann die Gesetzgebung über den u n l a u t e r e n W e t t b e w e r b, die einen Niederschlag in dem Gesetze vom 27. Mai 1896 fand, um dann durch das Gesetz vom 7. Juni 1909 einen Ausbau zu erfahren. In Betracht kommen namentlich diejenigen Bestimmungen des Gesetzes, die sich richten gegen trügerische oder betrügerische Reklame vermittels falscher Angaben über Beschaffung, Ursprung, Herstellungsart der Waren, Preisbemessung, Bezugsquellen, über den Besitz von Auszeichnungen, den Anlaß und Zweck des Verkaufs, die Menge der Vorräte, kurz: vermittels irgend welcher tatsächlich unwahren Angaben, die geeignet und bestimmt sind, den Anschein eines besonders günstigen Angebots hervorzurufen.

Zu kaum einer erheblicheren Bedeutung ist die Mittelstandspolitik bisher in den amtlichen Interessenvertretungen des Handels, in den H a n d e l s k a m-m e r n, gelangt, mit Ausnahme etwa in den Fällen, wo, wie in B a y e r n, W ü r t-t e m b e r g, S a c h s e n und einigen kleineren Staaten, bis zur Begründung der Handwerkskammern sogenannte Handels- und Gewerbekammern mit Einschluß des Handwerks bestanden (oder, wie in S a c h s e n - M e i n i n g e n, noch bestehen). Die deutschen Handelskammern sind seit Beginn des vorigen Jahrhunderts zunächst in den westlichen Gebieten Deutschlands nach französischem Vorbild eingeführt und haben zu verschiedenen Zeiten für die verschiedenen Gliedstaaten eine mehr oder weniger einheitliche Regelung erfahren. Sie sind in der Hauptsache die Vertretung des Großhandels und der Industrie, die in den Handelskammern ebenfalls ihre amtliche Vertretung findet. Das vor dem Kriege beispielsweise in P r e u ß e n geltende Recht ließ zu, daß auf Beschluß der Handelskammern Wahlrecht und Beitragspflicht von der Veranlagung zu einem bestimmten Satze der Gewerbesteuer bedingt sein könnte, was meist einem Ausschluß der kleineren Kaufleute gleichkam. In den letzten Jahrzehnten vor dem Kriege ist es dem Drängen des Mittelstandes gelungen, besondere K l e i n h ä n d l e r a u s-s c h ü s s e in den Handelskammern durchzudrücken. Dieser Fortschritt ist nicht zuletzt auf die Wirksamkeit des D e u t s c h e n I n d u s t r i e - u n d H a n d e l s k a m m e r t a g s zurückzuführen, der als Deutscher Handelstag im Jahre 1861 in Heidelberg begründet wurde und dem, trotz aller inneren Differenzen über die Frage der Wirtschaftspolitik, heute die Gesamtheit der Kammern angehört. Der Name Deutscher Industrie- und Handelstag (Organ: „Handel und Gewerbe") rührt von der Geschäftsordnung vom 3. Mai 1918 her, durch die die jetzige Organisation eingeführt und die früher zulässige Aufnahme privater Vereine ausgeschlossen wurde. Außer dieser Gesamtvereinigung bestehen seit langem in den einzelnen Ländern und teilweise auch Provinzen Landes- und Provinzverbände von Handelskammern. Die Kleinhandelsausschüsse bei den Kammern haben die Aufgabe, die besonderen Verhältnisse des Kleinhandels und die praktischen Schlußfolgerungen daraus zur Geltung zu bringen. Sie nehmen sich aber auch der Lage der Detaillisten durch Aufklärung und Bildungsmaßnahmen (Unterrichtskurse, Vorträge in Geschmacksbildung, Anleitung zur künstlerischen Ausschmückung der Schaufenster usw.) an. Den Ausschüssen gehören ebenfalls die sogenannten Minderkaufleute an und zwar obligatorisch, obwohl diese Minderkaufleute, wenn sie nicht ins Handelsregister eingetragen sind, außerhalb der Organisation der Handelskammer stehen.

Besondere Verhältnisse auf dem Gebiete des Kammerwesens liegen in den Hansestädten vor, insofern als hier die Kleinhändler von der Handelskammerorganisation ausgeschlossen sind. Seit 1904 besteht für sie in H a m b u r g eine besondere D e t a i l l i s t e n k a m m e r, seit 1906 auch in B r e m e n, während die Kleinhändler in L ü b e c k keine V e r t r e t u n g haben.

Aelter und eingreifender als die behördliche Organisation ist die f r e i e I n t e r e s s e n v e r t r e t u n g des Kleinhandels, obschon auch hier dasselbe gilt wie für das Handwerk, daß nämlich allzulange jede Hoffnung auf die Hilfe des Staates gesetzt wurde. Die Erkenntnis, daß sich Staatshilfe und Selbsthilfe gegenseitig bedingen, gehört, wie auch im Handwerk, der neueren Zeit an, ohne daß indes der Kleinhandel bisher eine konstruktive Mittelstandspolitik aus sich heraus erzeugt hätte, was allerdings aus den mehrfach angedeuteten Gründen für ihn besonders schwer ist. Es wird darum auch nicht stärker auffallen, daß der Kleinhandel der Handwerkerinnung, als der mehr oder weniger geschlossenen Vertretung des „Standes", etwas ähnliches in Form einer wenigstens einigermaßen charakteristischen Kaufmannsgilde auf fachlicher Grundlage vor dem Kriege nur in verhältnismäßig wenigen Orten an die Seite zu setzen hatte. Und was in den größeren Städten unter den verschiedensten Namen, wie Mittelstandsverein, Verein für Handel und Gewerbe, Handelsverein, Verein zur Wahrung der Interessen des Handelsstandes usw., schon bestand, war meistens ein recht loser Zusammenschluß der Handel- und Gewerbetreibenden eines Ortes zur Wahrung ihrer allgemeinen Standesinteressen gegenüber Privaten und Behörden. Die Abwehr gegenüber irgendwem und irgendetwas überwog jedenfalls bei weitem. Immerhin wurde auch manches unternommen, um das Ansehen des Kleinhandels durch von innen kommende Maßnahmen zur Förderung des Standes zu heben, ebenso wie man durch Milderung des Konkurrenzkampfes eine gewisse Linie in die Front des Kleinhandels zu bringen versuchte. Den gleichen Zwecken dienten übrigens die mancherlei Zusammenschlüsse der vielen Einzelverbände zu Gesamtorganisationen. Am bekanntesten ist der 1888 gegründete „Zentralverband kaufmännischer Verbände und Vereine Deutschlands", der sich seit dem Jahre 1907 „D e u ts c h e r Z e n t r a l v e r b a n d f ü r H a n d e l u n d G e w e r b e" (Sitz L e i p z i g) nennt. Wie dieser Verband, so sind auch die meisten anderen mehr oder weniger lose Rahmenverbände, denen sich allgemeine Lokalverbände einfügen. Dem genannten Zentralverband gleichbedeutend war vor dem Kriege die „Z e n t r a l v e r e i n i g u n g d e u t s c h e r V e r e i n e f ü r H a n d e l u n d G e w e r b e" (Sitz B e r l i n). Die Tendenz solcher Zusammenschlüsse kommt am besten zum Ausdruck in der Zwecksetzung des Zentralverbandes, der sein Ziel erreichen will durch: Förderung und Verbreitung von Fachkenntnissen; Abwehr der, den selbständigen Mittelstand in Handel und Gewerbe gefährdenden, mißbräuchlichen Ausdehnung der großkapitalistischen Betriebsformen und der wirtschaftlichen und gewerbetreibenden Konsumentengenossenschaften; Bekämpfung der Mißstände in Handel und Gewerbe, insbesondere des unlauteren Wettbewerbs; Beteiligung an den Vorbereitungen zur Verbesserung bestehender und Schaffung neuer, Handel und Gewerbe fördernder Gesetze; Unterstützung der auf Selbsthilfe gerichteten Maßnahmen des Handels und Gewerbes.

Als einflußreicher wie die über das ganze Reich sich erstreckenden Gesamtverbände haben sich nicht selten bestimmte Bezirksverbände erwiesen, von denen hier besonders genannt seien: der „Detaillistenverein für Rheinland und Westfalen" in B a r m e n, der „Verband süd- und westdeutscher Detaillistenvereine" in F r a n k f u r t/M a i n, der „Bayrische Verband zum Schutze von Handel und Gewerbe" in N ü r n b e r g. Das gleiche gilt für bestimmte, in der Oeffentlichkeit stärker hervorgetretene Branchenverbände, die namentlich in Zeiten wirtschaftspolitischer Erregung mit Macht auf die öffentliche Meinung einzuwirken verstanden. Auch hier genügen einzelne Namen: der „Verband deutscher Kaufleute der Delikatessenbranche", der „Verband deutscher Porzellan- und Glaswarenhändler", der „Verband deutscher Detailgeschäfte der Textilbranche", der „Verband deutscher Eisenwarenhändler", der „Verband deutscher Zigarrenhändler", der „Zentralverband der Kohlenhändler Deutschlands", der „Zentralverband deutscher Schuhwarenhändler", der „Zentralverband deutscher Uhrmacher", der „Deutsche Drogistenverband", der „Detailverband der Bekleidungsindustrie und verwandter Branchen", der „Reichsverband deutscher Spezialgeschäfte in Porzellan-, Glas-, Haus- und Küchengeräten", der „Zentralausschuß der vereinigten Putzdetaillisten Deutschlands".

Die Rührigkeit des Kleinhandels erwies sich durchweg größer als diejenige des Handwerks auf dem Gebiete der Einflußnahme auf die p o l i t i s c h e n P a r t e i e n. Fast alle bürgerlichen Parteien im Reich wie in Staat und Gemeinde trugen den Forderungen des Kleinhandels weitgehend Rechnung, so daß wir immer wieder auf Programme stoßen, die die früher behandelten Abwehr- und Schutzforderungen enthalten. Die liberalen Parteien schränkten allerdings ihre Stellungnahme dadurch ein, daß es nicht darauf ankommen könne, gegen die offensichtliche Entwickelung der wirtschaftlichen Verhältnisse anzukämpfen, und die Fortschrittliche Volkspartei lehnte darüber hinaus die Parteinahme für die Warenhaussteuer ab, zumal die Steuer sich durch Begünstigung der sich auf eine Warengruppe beschränkenden Versandtgeschäfte noch einer besonderen Ungerechtigkeit schuldig mache. Auch diese parteiamtliche Mittelstandspolitik hielt sich in der Hauptsache in der Abwehr, was nicht zu verwundern ist angesichts der vorwiegenden Einstellung der Kleinhändler selber. Man braucht sich zur Beleuchtung dieser Stellung nur die Art und Weise anzusehen, wie Vertreter des kaufmännischen Mittelstandes etwa mit der Frage der „parasitären" Vermehrung kaufmännischer Existenzen fertig zu werden suchten: In den Verhandlungen des Vereins für Sozialpolitik vom Jahre 1899 über die Entwickelungstendenzen im modernen Kleinhandel erwähnte der Vertreter der Interessenten, außer der sporadisch aufgetretenen Forderung des Befähigungsnachweises, auch noch die im Handelsgesetzbuch gegebene Möglichkeit, den eigentlichen Kaufmann vom Minderkaufmann zu unterscheiden: man könne vielleicht den Minderkaufmann, den Krämer, zwingen, diese seine Stellung auch äußerlich zu kennzeichnen, etwa in der Firma. Die Versammlung hat diesen Vorschlag mit „Heiterkeit" quittiert und damit für die Aermlichkeit solchen „Programms" mehr gesagt, als es lange Ausführungen zu tun vermöchten.

b) I n u n d n a c h d e m K r i e g e.

Mit dem Kriege tritt die öffentliche Mittelstandspolitik zugunsten des Einzelhandels in der bisherigen Form völlig in den Hintergrund. Die Notwendigkeit, innerhalb des besonders eingeschränkten Rahmens der Bedarfsversorgung möglichst alle Störungen durch willkürliche Preisfestsetzung seitens des Handels hintanzuhalten, führte in umfassendem Maße zur Ausschaltung des freien Handels. Der Händler wird insbesondere auf dem Gebiete der Versorgung der Bevölkerung mit Lebensmitteln zum Beauftragten des Staates, dessen Maßnahmen, wie Preisfestsetzung, Rationierung, Wucherbekämpfung, noch durch manche Eingriffe der Gemeinden in die Freiheit des Handels (Preisprüfungsstellen!) fühlbare Ergänzung finden. Die Z w a n g s w i r t s c h a f t ist mit einem freien Händlertum nicht verträglich. Die Kriegszeit bringt aber darüber hinaus allerhand weitere Einschränkungen der Tätigkeit des Händlers durch direkte Warenlieferungsabschlüsse großer Verbände öffentlichen Charakters wie privater Vereine (Konsumvereine) und Großfirmen mit den Produzenten und dem Großhandel. Die aus kriegspsychologischen Gründen durchgeführte Rücksichtnahme des Staates auf alle Arten von organisierten Vertretungen der großen Massen führte zu einer Stärkung der Stellung der Konsumvereine, die es durchsetzten, in der Versorgung der Bevölkerung mit dem Einzelhandel auf dem Fuße gleichen Rechts behandelt zu werden. Als eigentliche „Mittelstandspolitik" des Staates und der Gemeinden während des Krieges ist wohl die Tatsache anzusprechen, daß der Händler überhaupt in dem durch die Verhältnisse noch ermöglichten Umfange zur Versorgung der Bevölkerung herangezogen wurde. In der allgemeinen Unsicherheit der Verhältnisse war darin wenigstens eine Grundlage der Existenzsicherung gegeben. Schon die Tatsache der Verfügung über irgendwelche Güter schlechthin bedeutete während der Warennot des Krieges eine Vergünstigung, die sich in mancherlei Weise ausnützen ließ, um in der Form des „Naturaltauschs" (Ware gegen Ware, vor allem gegen Lebensmittel des warensuchenden Bauern) sowohl der eigenen Versorgung zu dienen, als auch allerhand „Geschäfte unter der Hand" zu machen. Auf diese Art und Weise hat der Einzelhandel während des Krieges nicht am schlechtesten abgeschnitten. Manche Hausfrau hat sich allerdings in der Notzeit gegen den Kleinhändler, der es nicht mehr für nötig erachtete, auf die Art der Behandlung großen Wert zu legen, weil ihm die Kundschaft ja mehr wie sicher war, verschworen.

Die Zeit nach dem Kriege kennzeichnet das Schwinden der staatlichen, überhaupt der öffentlichen Macht und damit auch das allmähliche, aber sichere Ausweichen des Klein- und Einzelhandels vor allem, was ihn in seiner Tätigkeit einschränken konnte. Der Hunger nach Waren einerseits und das Schwinden der öffentlichen und privaten Moral andererseits bedeutete für den Händler lange Zeit eine Periode der Blüte, wie er sie nie vorher gekannt. Ein Rückschlag trat erst ein, als die G e l d e n t w e r t u n g in Sprüngen vor sich ging und solange die Rechtsprechung wie die Behörden sich Verkäufen der Waren auf der Basis des Wiederbeschaffungspreises widersetzten. Eine Lösung zugunsten des Kleinhändlers, der der Plünderung wie überhaupt der Wut des Volkes am ersten anheimfiel, wurde im allgemeinen dadurch gefunden, daß ihm die Berechnung auf Grund von festen Grundzahlen und einem, dem jeweiligen Geldstande entsprechenden Multiplikator gestattet wurde. Der Kampf gegen die Reste der Zwangswirtschaft und gegen die Wuchergesetzgebung füllt fast die gesamte Tätigkeit der mittelständlerischen Verbände nach dem Kriege aus [1]. Nachdem manche früheren Programmpunkte der Mittelstandsbewegung durch die Entwickelung völlig überholt worden waren, wie z. B. die Sonderumsatzsteuer gegen Warenhäuser und Konsumvereine durch Einführung der allgemeinen Umsatzsteuer im Jahre 1919, fochten nicht selten Groß- und Kleinbetriebe des Detailhandels Seite an Seite miteinander auf dem vorgenannten Gebiete. Die Einzelhändler haben in dieser Zeit auch das Mittel des S t r e i k s und der „Arbeitsstreckung" durch Kürzung der Verkaufszeit für sich in Anwendung gebracht. Die gesamte Entwickelung in der Organisation des Einzelhandels ist straffer geworden. Heute haben die Detaillisten nicht bloß ihre von den Behörden anerkannte „Spitzenorganisation" in der „H a u p t g e m e i n s c h a f t d e s E i n z e l h a n d e l s", die bald nach der Revolution gegründet wurde und sich, außer auf den mehrfach erwähnten Gebieten, im Sturmlauf gegen

---

[1] Dies gilt namentlich auch, wie beim Handwerk, für die Zeit nach Zusammenbruch des Ruhrkampfes, als die Regierung L u t h e r Maßnahmen zur Herabminderung der allzu großen Spanne zwischen Erzeuger- und Verkaufspreisen ins Auge faßte. Die Preisabbauaktion verlief fast völlig im Sande.

die Konsumvereinsbewegung betätigte, die man nicht nur um jede steuerliche Bevorzugung zu bringen suchte, sondern auch um die Kredite, die ihnen Reich und Staat gewährt haben und gewähren, die sodann ferner gegen die Politik der Kartelle anlief. Vielmehr vertreten heute auch starke Reichsorganisationen der einzelnen Branchen die Interessen des Einzelhandels mit merkbarer Wucht. Namentlich soweit die Sozialisierung und Kommunalisierung drohte und damit die bisherige Selbständigkeit des Kleinhandels in Frage gestellt wurde, hat man allenthalben dichter und dichter die Reihen geschlossen. Aber auch gegenüber den Kartellen der Produzenten hält, wie gesagt, der Einzelhandel in seinen Organisationen scharfe Wacht. Unter den großen Fachverbänden ragt besonders hervor der „Reichsbund des Textileinzelhandels", der eine ganze Anzahl von besonderen „Fachverbänden" als Körperschaftsmitglieder in sich schließt, unter anderem den „Reichsverband für Damen- und Mädchenbekleidung", den „Reichsverband für Herren- und Knabenbekleidung", den „Verband deutscher Wäschegeschäfte und Wäschehersteller", den „Verband deutscher Waren- und Kaufhäuser" usw. Daraus ergibt sich somit in vielem eine Frontänderung gegenüber früher, wie die bloße Aufzählung der Namen erkennen läßt. Selbst Produzentenverbände sind in dem „Reichsbund" vertreten, aber auch einige Selbsthilfeorganisationen des Einzelhandels, wie Einkaufsverbände usw. Die Konsolidierung des Organisationswesens des Einzelhandels schreitet rasch voran. Dabei haben die Schwierigkeiten der Zeit, vor allem nach Eintritt eines durchgreifenden Steuersystems zur Rettung der Währung, haben die Preiskontrollmaßnahmen usw. auch die örtlichen Zusammenschlüsse wesentlich gefördert, so daß heute vielfach von einem lückenlosen Zusammenschluß geredet werden dürfte. Geschlossen organisiert sind auch die sogenannten Handelsschutz- und Rabattsparvereine.

Alles in allem steht der Einzelhandel gerüstet da wie nie zuvor und seine Vertreter sind überaus rührig. Nur kann eben von einer Mittelstandspolitik im Sinne einer schöpferischen Betätigung im Einzelhandel selber heute nicht die Rede sein, wofür freilich in weitem Umfange die Unruhe und die Gestaltlosigkeit unserer Verhältnisse als Entschuldigung herangezogen werden kann. Das „Mittelständische" ist hier weit mehr als im heutigen Handwerk rein sozial, im Sinne einer sozialen Forderung, zu verstehen: als Postulat eines besonderen Schutzes um der Erhaltung selbständiger Existenzen willen. Wie lange sich dazu bei dem allgemeinen Niedergange überhaupt noch Raum finden wird, läßt sich einstweilen gar nicht absehen. Die Erhaltung eines selbständigen Mittelstandes im Kleinhandel ist der Natur der Sache nach gegenüber allen, die wirkliche Kapazität der Wirtschaft berücksichtigenden planwirtschaftlichen Maßnahmen, von denen das niedergebrochene Deutschland ganz gewiß nicht verschont bleiben wird, schwer durchzuführen, zumal, wie schon erwähnt, der Kleinhandel von heute in den großen Massen des Volkes recht wenig Freunde hat. Auch ist es schwer, sich dem Eindruck zu verschließen, daß dieser Zweig des Mittelstandes sich zu einer entschiedenen Förderung der eigenen Produktivität nicht aufzuraffen vermag. So standen beispielsweise der vom Deutschen Verband für das kaufmännische Bildungswesen einberufenen Hauptversammlungen der Jahre 1925 und 1926 beide großenteils im Zeichen der Abwehr gegen die „unmittelbare und mittelbare Belastung durch die Berufsschulpflicht". Demgegenüber kann die erklärte Bereitwilligkeit zur Einführung eines „freiwilligen Befähigungsnachweises" kaum anders als skeptisch stimmen.

C. Sonstige Mittelstandsgruppen.

In den Mittelstand, sei es daß man diesen Begriff wirtschaftlich-sozial, sei es daß man ihn kulturell-sozial auffaßt, schiebt sich noch eine Anzahl von Gruppen hinein, deren mittelständischer Charakter noch schwerer als bei den bisher behandelten Gruppen abzugrenzen ist. Von einer Mittelstands p o l i t i k ist für sie entweder überhaupt noch nicht oder aber erst in bescheidenen Ansätzen die Rede.

a) Die Grund- und Hausbesitzer.

Offiziell in die Reihen des Mittelstandes aufgenommen ist seit Errichtung der „D e u t s c h e n   M i t t e l s t a n d s v e r e i n i g u n g" die Gruppe der Grund- und Hausbesitzer, von denen auf der Generalversammlung der genannten Vereinigung im Jahre 1911 festgestellt wurde, daß sie „eine wertvolle bodenständige Klasse des Mittelstandes" bilden. Der Zusammenschluß der Grund- und Hausbesitzer ist in der Hauptsache ein Erzeugnis oder aber ein Mittel der Abwehr der gesetzlichen Bestimmungen und vornehmlich der Besteuerungen, denen der Besitz von Grundstücken und von Wohnhäusern in dem Maße namentlich der Großstadtentwickelung ausgesetzt war. In mancher Hinsicht ist ihr Zusammenschluß eine ausgesprochene Gegenwehr gegen die Bestrebungen der Bodenreformer. Hierauf weist vor allem die Einstellung des in B e r l i n gegründeten „S c h u t z-v e r b a n d e s   f ü r   G r u n d b e s i t z   u n d   R e a l k r e d i t" hin, dessen eigene Beilage zum „roten" „Tag" den Kampf gegen die Bodenreform systematisch betreibt. Die Zwangswirtschaft des Krieges und der Nachkriegszeit mit ihrem M i e t e r s c h u t z hat die Stellungnahme der Grund- und Hausbesitzer aufs äußerste zugespitzt, zugleich aber auch, wegen der unleugbaren Kluft zwischen der Entwickelung der Einkommen und jener des Anteils der Wohnungsmieten sowie ferner zwischen den Notwendigkeiten und Möglichkeiten der Erhaltung und Erneuerung der Wohnungen, dieser Stellungnahme der Grund- und Hausbesitzer einen gewissen Stützpunkt in der öffentlichen Meinung verliehen. Dem steht freilich auf der anderen Seite die Tatsache gegenüber, daß der Hausbesitz in der ersten Reihe der von den Inflationsgewinnen Begünstigten steht, weil er Gelegenheit hatte, alle in früherer Goldmark aufgenommenen Hypotheken usw. in entwerteter Papiermark abzustoßen. (Die Frage der „Aufwertung", obschon sie bereits eine gesetzliche Regelung fand, befindet sich bei der Niederschrift dieser Zeilen noch im Stadium heftigster Kontroverse.)

Ob man den Abbau der Zwangswirtschaft „Mittelstandspolitik" im Sinne der Grund- und Hausbesitzer nennen soll, ist am Ende Geschmacksache. Sieht man von den Bemühungen um eine Reform des Realkredits ab, so hat jedenfalls das organisierte Grund- und Hausbesitzertum an „schöpferischer" Politik bisher nahezu alles vermissen lassen. Die Schmarotzerrolle, die ein großer Teil der Hausbesitzer in den Großstädten nachweisbar spielte, indem die Betreffenden vielfach nur Mittel für die Grundstücksspekulanten waren, um deren auf die Ueberschätzung der Grundstückswerte aufgebaute Spekulation glücklich durchzuführen, hat jedenfalls mit mittelständischem Wesen im tieferen Sinne recht wenig zu tun, und von einer „Selbständigkeit", die als sozial-kultureller Wert zu wahren wäre, kann da auch nur zu einem geringen Teil die Rede sein. — Die örtlichen Haus- und Grundbesitzervereine sind zu einem „Z e n t r a l v e r b a n d   d e r   s t ä d t i-s c h e n   H a u s-   u n d   G r u n d b e s i t z e r v e r e i n e   D e u t s c h l a n d s" zusammengeschlossen.

b) Die freien Berufe.

Zum Mittelstand werden vielfach gezählt und rechnen sich auch wohl selber gelegentlich die freien Berufe, richtiger: bestimmte Schichten derselben. Namentlich die jetzige Zeit denkt mit einer gewissen Vorliebe an die freien Berufe, wenn von dem „sterbenden Mittelstand", als von einem Kernstück des verdorrenden Bürgertums und dem vornehmsten Träger der deutschen Kultur, die Rede ist. Eine Aufzählung der hierzu gehörigen Kategorien umfaßt etwa: Schriftsteller, Journalisten, Volkswirte, Privatlehrer, Gelehrte, Forscher, Privatdozenten, Dichter, Künstler, Maler, Bildhauer, Musiker, Komponisten, Dirigenten, Theaterdirektoren, Schauspieler, Architekten, Zivilingenieure, Techniker, Chemiker, Aerzte, Zahnärzte, Tierärzte, Rechtsanwälte, Notare, Berufspolitiker und -Parlamentarier. Die Aufzählung macht auf Vollständigkeit keinen Anspruch, gibt aber genugsam zu erkennen, daß die Verbindung dieser Schichten mit dem früher behandelten Mittelstand hergestellt wird durch Voraussetzung eines „mittleren" Einkommens sowohl als auch der „Selbständigkeit", wenn auch mehr im übertragenen Sinne: das Wort „frei" deutet weniger die äußerliche selbständige Stellung als das innere Wesen an. „Frei ist der Beruf, der frei geübt werden muß, damit Kultur frei werde; d. h. in unbedingter, auf sachliche Arbeit bedachter Hingabe an den absoluten Wertgedanken, dem das Schaffen dient; unabhängig von den störenden Mächten und Trieben drinnen und draußen" (F e u c h t w a n g e r). Die Angehörigen der freien Berufe sind geistige Arbeiter. In normalen Zeiten hatte sich sicher ein großer Teil derselben weit von der Existenzgrundlage entfernt, die für allen Mittelstand mehr oder weniger typisch war. Dennoch ließ sich auch schon vor dem Kriege eine Entwickelung feststellen, die in großen Zügen einen gewissen Ausgleich der Verhältnisse deutlich machte und zwar in Annäherung an die durchschnittlichen Verhältnisse des gewerblichen Mittelstandes. Ein (nicht untrügliches) Anzeichen dafür ist die steigende Organisation dieser Gruppen, die stellenweise, wie bei den Aerzten, von einer außergewöhnlichen Straffheit und Schlagkraft zeugte. Es bedarf indessen nachdrücklicher Betonung, daß diese Art von Organisationen, soweit sie bestanden, Berufsorganisationen im engeren Sinne und jedenfalls weder ihrer Zielsetzung noch ihrer Struktur nach Mittelstandsorganisationen waren. Eine Mittelstandspolitik wurde von ihnen weder erstrebt noch ist eine solche jemals von öffentlichen Körperschaften zu ihrem Besten als Mittelstandspolitik eingeleitet worden. Erst die Zeit nach dem Kriege und der Revolution geht neue Wege. Ein Teil der freien Berufe betreibt und erstrebt durch ihre Organisationen und durch ihren Aufruf an Staat und Gemeinde ausgesprochene Mittelstandspolitik. Andere Kategorien dagegen reihen sich bewußt in die Arbeitnehmerbewegung ein und streifen ebenso bewußt alles „Mittelständische" als Hemmnis ab.

Ein gewisser Rückgang der Verhältnisse der freien Berufe war schon vor dem Kriege durch die Ueberfüllung namentlich bestimmter Schichten derselben zu verzeichnen. Die rasende Geldentwertung aber und die nachfolgende Stabilisierungskrise drängten die Möglichkeit literarischen, künstlerischen und wissenschaftlichen Schaffens immer weiter zurück. Der Rückgang wird noch verschärft durch die vorwiegend materielle, wenn nicht materialistische Einstellung der Zeit, die an die Stelle der früheren Unterschätzung eine Ueberschätzung der körperlichen Arbeit setzte. Dazu kommt als weiteres verschärfendes Moment jene Folge der „Mechanisierung" unseres Arbeitens und Denkens, die sich in dem Zurückdrängen der Persönlichkeit durch die Masse zu erkennen gibt. Alles dieses gestaltet die Aussichten einer Mittelstandspolitik für die freien Berufe durchweg recht trübe. Eine Kontingentierung im Sinne der Aufrichtung eines numerus clausus lehnen sodann die Beteiligten selber durchweg als vollkommene Verkennung der I d e e der „freien Berufe" ab. Alles andere aber, was bisher unternommen und eingeleitet wurde, wie etwa die Unterbringung von erwerbslosen arbeitsfähigen Angehörigen der freien Berufe in staatlichen oder städtischen Stellen als Ersatz für die dort tätigen jungen unverheirateten Arbeitskräfte, ist ein Notbehelf und hat mit Mittelstandspolitik im eigentlichen Sinne nichts zu tun. Soweit nicht überhaupt ein Kampf der Weltanschauungen und damit ein Kampf um Sein oder Nichtsein bestimmter Schichten der geistigen Arbeit vorliegt, vermag wohl nur die Selbsthilfe eine gewisse Erleichterung zu bringen. Es ist aber sehr die Frage, ob diese sich in allen Fällen gerade „mittelständisch" einstellen wird. Bestimmte Schichten mögen durch ihre Bewußtseins·

lage dahin geführt werden, wie das neuere Zusammengehen derselben mit der allgemeinen Mittelstandsbewegung dartut [1]). Andere Schichten dagegen sind, wie gesagt, entschlossen, ihre Kampffront weiter zu verlegen. Beweis dessen ist der im Jahre 1923 zu Berlin abgehaltene 1. Reichskongreß der deutschen geistigen Arbeiter, der sich nicht entschließen konnte, die Einladung zu dem für den September in Bern geplanten internationalen Mittelstandskongreß anzunehmen. Die auf dem ersten Reichskongreß der deutschen geistigen Arbeiter vertretenen Angehörigen der freien Berufe sahen es als ein ihnen zugefügtes „logisches und soziales Unrecht" an, daß man sie als Angehörige des Mittelstandes bezeichne. Indem sie zur Reichsgewerkschaft deutscher geistiger Arbeiter zusammentraten, suchen sie Anschluß an die große Masse der Arbeitnehmer. Diesen Schritt vollzogen unter anderm der Verband der Dentistinnen, der Verband der Bücherrevisoren, der Verband der Naturheilkundigen und jener der Handelsanwälte. Andere Gruppen zählen sich schon längere Zeit zu dieser Arbeitnehmerbewegung, die den Kampf gegen den Kapitalismus als System aufgenommen hat, namentlich die Genossenschaft deutscher Bühnenangehöriger und die Deutsche Artistenloge. Beide Verbindungen gehören dem Afabund (Allgemeiner freier Angestelltenbund) an, dessen Zwecksetzung von den gleichen Grundlagen ausgeht wie jene der freien Gewerkschaften. Manche Gruppen geistiger Arbeiter, namentlich Schriftsteller, beteiligen sich folgerichtig denn auch an einem Neuaufbau des allgemeinen Arbeitsrechts und des Arbeitsvertrags, weil sich ihre Angehörigen, wenn sie auch nicht förmlich angestellt sind, als eine Art von Arbeitnehmern fühlen. In anderer Art wiederum stützen jene Architekten die antikapitalistische Arbeiterbewegung, die sich mit den Arbeitern und Angestellten des Baugewerbes zu einem „Industrieverband" der Hand- und Kopfarbeiter zusammentun wollen.

c) Die Kleinrentner.

Als Anhängsel einer Mittelstandspolitik kann die Fürsorge für die infolge der Geldentwertung in Not geratenen Kleinrentner angesprochen werden. Die Kleinrentner waren, ihrer früheren Lage entsprechend, in ihren Anschauungen völlig auf den Mittelstand eingestellt. Ihre jetzige Notlage hat sie zu Rentnerbünden zusammentreten lassen, die sich um die Erhaltung der Existenzgrundlage ihrer Mitglieder bemühen. Nachdem einige kleinere Staaten mit entsprechenden Verordnungen vorangegangen waren, besteht seit dem Reichsgesetz vom 4. Februar 1923 eine gesetzliche Verpflichtung der Gemeinden zur Durchführung einer Kleinrentnerfürsorge. Diese Fürsorge besteht in Unterstützungen aller Art, von der Zuweisung einmaliger Geldbeihilfen bis zur Lieferung billiger Lebensmittel und Heizstoffe und zur Errichtung von Mittelstandsküchen und Rentnerwärmestuben. Vielfach ist den Kleinrentnern eine Altersversicherung geboten worden, oder aber es wurden laufende Unterstützungen dadurch mittelbar gewährt, daß die Leibrente aus den mit dem Staate abgeschlossenen Leibrentenverträgen durch öffentliche Zuschüsse erhöht wurde. Eine umfassende Uebersicht über die verschiedenen Arten der Unterstützung und Hilfeleistung bietet eine D e n k s c h r i f t des Reichsarbeitsministeriums (Reichsarbeitsblatt Nr. 11, Jahrgang 1923). In das Produktionsleben greift die Fürsorge besonders durch die Errichtung von Heimarbeitsvermittlungen ein. Von Mittelstandspolitik kann natürlich angesichts dieser Maßnahmen nur im übertragenen Sinne gesprochen werden: die Kleinrentnerfürsorge wird zu einem Teil der sozialen Fürsorge im allgemeinen Sinne; sie wurde noch mehr wie diese durch das unaufhaltsame Fortschreiten der Geldentwertung immer stärker in Frage gestellt, soweit sie nicht überhaupt schnell

---

[1]) In diesem Sinne betätigt sich neuerdings insbesondere das S c h u t z k a r t e l l deutscher Geistesarbeiter.

vorübergehender Natur war [1]). Das Kriterium des Schöpferischen ist ihr notwendigerweise versagt.

D. Allgemeine Mittelstandsvereinigungen.

Schon längere Zeit vor dem Kriege hatte der Gedanke des Zusammenschlusses von Handwerk und Kleinhandel, zum Zwecke einheitlicher Interessenvertretung, zur Errichtung von gemeinsamen Mittelstandsvereinigungen geführt. Die Mittelstandsvereinigungen erwuchsen an den verschiedensten Stellen und in der verschiedensten Form. Als eine Sammelorganisation ist der „R e i c h s d e u t s c h e M i t t e l s t a n d s v e r b a n d" anzusprechen. Ein wirklich durchgreifendes Vorgehen kam jedoch nur selten zustande, dank der großen Zersplitterung, die immer wieder lähmend wirkte. Der Reichsdeutsche Mittelstandsverband blieb übrigens in der Hauptsache auf Sachsen, Braunschweig und Rheinland-Westfalen beschränkt. Der „H a n s a b u n d" und die Bestrebungen zur Gründung einer eigenen p o l i t i s c h e n M i t t e l s t a n d s p a r t e i verschärften diese Zersplitterung noch, weil sie sich auch um die Angehörigen des sogenannten n e u e n Mittelstandes bemühten und so, gewissermaßen als Bestrebungen zur Lösung der Quadratur des Zirkels, die Einheitlichkeit völlig in Frage stellten. (Als „Partei des Mittelstandes" tritt wohl auch die „Wirtschaftspartei" auf, die in dem Ende Dezember 1924 gewählten Reichstag, um zur Fraktionsbildung zu gelangen, sich mit den Abgeordneten des bayerischen Bauernbundes und der Deutsch-Hannoveraner zusammengetan hat, ein recht wenig homogenes Gebilde, dessen Glieder denn auch bei jeder ernsteren Gelegenheit auseinanderstreben.) Für das Gebiet des alten Mittelstandes setzte sich der „I n t e r n a t i o n a l e V e r b a n d z u m S t u d i u m d e s M i t t e l s t a n d e s" ein, der vor dem Kriege verschiedene Kongresse abhielt (1905 in L ü t t i c h, 1908 in W i e n, 1911 in M ü n c h e n), von denen der letztere in Deutschland eine größere Rolle gespielt hat. Wegweisendes ist dabei indes für die Mittelstandspolitik nicht herausgekommen, da sich der Kongreß damit begnügte, die einzelnen Forderungen der verschiedenen ihm angeschlossenen Gruppen einzeln zur Geltung zu bringen. Die programmatischen Darlegungen des Vorsitzenden, des bekannten Münchener Univ.-Prof. Dr. v. M a y r, umreißen den „Mittelstand" und die Mittelstandspolitik nach der üblichen vorwiegend wirtschaftlichen Richtlinie. v. M a y r geht von der Beeinflußbarkeit der wirtschaftlichen und der gesamten sozialen Entwickelung durch menschliches Wollen aus, entsprechend der konkreten geschichtlichen Erfahrung aller Zeit. Dabei kommt er zu folgenden Schlußfolgerungen:

„Diese (geschichtliche Erfahrung) zeigt, daß die jeweilige soziale Entwickelung ausschlaggebend von dem menschlichen Wollen beeinflußt worden ist, das in gesellschaftlich wirksamer Weise im autonomen Streben der Gesellschaftsschichten und in der Einflußnahme der öffentlichen Gewalt auf das Geschick dieser Schichten und ihre Beziehungen zueinander zur Geltung gekommen ist. Nicht menschlich unbeeinflußbare Naturgesetze sind in Frage, sondern menschlich innerhalb gewisser Grenzen beeinflußbare S o z i a l g e s e t z e. Von besonderer Bedeutung für die Richtung zielbewußter Beeinflussung der sozialen Entwickelung sind jene Aufgaben, bei denen es sich darum handelt, den harmonischen Aufbau der Gesell-

---

[1]) Bezüglich des Standes Mitte 1926 ergibt sich aus einem Erlaß des preußischen Ministers für Volkswohlfahrt, daß, ausweislich des Ergebnisses einer Rundfrage, die nach dem Tiefstand der Geldentwertung und dann wieder im Zusammenhang mit der „Reinigungskrise" angestrebte Besserstellung der notwendigerweise in den Hintergrund gedrängten Kleinrentner gegenüber andern Hilfsbedürftigen im allgemeinen erreicht sei, daß aber die U n t e r s t ü t z u n g s b e -t r ä g e selbst bei manchen Fürsorgeverbänden noch zu n i e d r i g seien. Dies gelte insbesondere für die Unterstützung der Kleinrentner in den l ä n d l i c h e n Bezirken. Eine Zuweisung von Arbeit als Mittel der Fürsorge soll besonders bei alten und weniger erwerbsfähigen Kleinrentnern nur dann in Frage kommen, wenn ihnen die Arbeit unter Berücksichtigung ihrer früheren Lebensverhältnisse zugemutet werden könne, desgleichen ihre Kräfte nicht übersteige. Eine Verpflichtung zur Rückzahlung der Fürsorgeleistung und die Bestellung von Sicherheiten hierfür seitens der Kleinrentner könne lediglich in Ausnahmefällen verlangt werden.

schaft selbst vor zersetzenden Einflüssen nach Möglichkeit zu bewahren. Wohl gibt es Vorzüge der technischen und wirtschaftlichen Entwickelung, die mit einer gewissen elementaren Urgewalt an dem überkommenen sozialen Aufbau rütteln und die gewisse Veränderungen dieses Aufbaus bedingen. Immer aber muß es dabei Aufgabe allen menschlichen Eingreifens sein, in Anpassung an die technische und wirtschaftliche Entwickelung e i n e s aufrecht zu erhalten, das ist, wie bereits erwähnt, der harmonische Aufbau der Gesellschaft sowohl nach der gesamten Gestaltung der Wohlstandsverhältnisse als nach der Ausgestaltung der selbständigen verantwortlichen Beteiligung der Glieder der Gesellschaft an der wirtschaftlichen Produktion jeglicher Art.

Nach der ersteren Richtung erstrebt eine gesunde Sozialpolitik die harmonische Ausgestaltung der Wohlstandspyramide unter Verbesserung der Wirtschaftslage auch der unteren Schichten, unter Aufrechterhaltung einer kräftigen Schicht der in mittleren Wohlstandsverhältnissen Befindlichen und unter Zulassung einer in noch günstigeren Wohlstandsverhältnissen befindlichen oberen Schicht — dabei unter Wahrung der Aufsteigemöglichkeit von geringerem zu höherem Wohlstand. In dieser harmonischen Differenzierung der Wohlstandsverhältnisse stellt sich uns die wohlgeordnete Beschaffenheit der Wohlstandspyramide dar. Die Zertrümmerung der mittleren Wohlstandsschichten würde ein Zerrbild des sozialen Aufbaues der Bevölkerung nach dem Wohlstand liefern.

Auf einer ähnlichen Differenzierung der aktiven verantwortlichen Beteiligung an der Produktion und dem Handel baut sich auch die harmonische P r o d u k - t i o n s - o d e r U n t e r n e h m u n g s g e s t a l t u n g in der Volkswirtschaft auf. Die Unternehmungsgestaltung darf nicht bloß in einer einseitigen Konzentration bei einer Minderzahl größter als Machtorganisationen in die Erscheinung tretender Unternehmungen verwirklicht werden; diesen zur Seite muß vielmehr eine breite Schicht wirtschaftlich selbständiger kleiner und mittlerer Unternehmer in Landwirtschaft, Gewerbe und Handel verbleiben — damit nicht das Zerrbild zur Verwirklichung komme, daß einer verhältnismäßig kleinen Zahl von Riesenunternehmungen kein weiterer selbständiger Unternehmer, sondern nur die ungeheure Schar von jenen Unternehmungen abhängiger Lohnarbeiter in zahlreichen Betätigungs- und Entlohnungsabstufungen gegenübersteht. Auch hier ist es eine Kulturaufgabe, den harmonischen Aufbau der Unternehmungsgestaltung im Anschluß an das geschichtlich Gewordene unter Anpassung an die veränderten allgemeinen technischen und wirtschaftlichen Zustände zu wahren. Wenn auch nicht zu leugnen ist, daß mit der Erweiterung der Großbetrieblichkeit aus der Schicht der Arbeitenden mehr und mehr als bedeutungsvoll die Sonderschicht der wirtschaftlich günstiger gestellten Angestellten sich abhebt, die im Sinne der Mittelstandsschichtung mit einer gewissen Berechtigung sich als den n e u e n Mittelstand bezeichnen, dem gegenüber der a l t e Mittelstand im einzelnen sogar manche Interessengemeinschaft haben kann, so bleibt doch die entscheidende Frage nicht jene der individuellen Wohlstandsgestaltung allein, sondern jene der Wahrung einer maßgebenden persönlichen selbständigen Aktion auf dem Gebiete der produktiven Tätigkeit. Diese allein erzeugt die soziale Befriedigung der wirtschaftlich S e l b - s t ä n d i g e n , wenn auch im einzelnen bei dieser Aktion in steigendem Maße nicht mehr bloß das Prinzip des Individualismus, sondern jenes des zielbewußten Zusammenschlusses Gleichgestellter zu produktiven Zwecken unter wohlwollender Beihilfe der öffentlichen Gewalt maßgebend wird." (Bericht S. 24 f.)

Auch diese Ausführungen, im Kern nichts anderes als die in diesen Dingen üblich gewordene petitio principii, halten sich innerhalb des Rahmens der sozialen Forderungen, ohne daß nun die Forderungen durch Uebertragung einer b e s o n - d e r e n F u n k t i o n von umfassender Bedeutung für das gesamte Gemeinwesen gestützt würden. Damit kommt man schließlich in Zeiten ruhiger Wohlstandsentwickelung aus, nicht aber dann, wenn, wie jetzt, der Sturm der Auflösung wütend durch die Lande fährt und respektlos mit allen gewohnten Beziehungen und Verhältnissen aufräumt. Die sozialen Forderungen litten im übrigen sehr daran, daß man vielfach für sich in Anspruch nahm, was anderen geweigert wurde. Ein Mittelstand, der, wie es vor und nach dem Kriege geschah, die bestehende Sozialpolitik in vielem bekämpfte, stellt dadurch gesellschaftliche Elemente in Frage, auf die er sich selber stützt und stützen muß, wenn anders ihm die eigene Zukunft lieb ist. Mittelstandspolitik, wie sie sich aus den Ausführungen v. M a y r s ergibt, kann am allerwenigsten im luftleeren Raum betrieben werden, sondern setzt eine soziale Gesamtpolitik voraus, in der gerade sie nach den immer wieder berufenen Gesetzen der Harmonie ihren Platz einzunehmen hätte [1]).

Eine andere, nach der Revolution entstandene Gesamtorganisation, der „Gesamtverband des christlichen Mittelstandes" (Köln) hat seine Lebensfähigkeit noch erst zu beweisen, zumal nach der Absplitterung, die sich schon bald am Orte seines Sitzes selber ergab. In diesem Verband spielen die freien Berufe eine größere Rolle, als es sonst bisher meist üblich war, ein Umstand, der die neue Lage der Dinge deutlich zu erkennen gibt. Der „Gesamtverband" will eine wirtschaftspolitische (nicht parteipolitische) Zusammenfassung aller christlichen Bürger des Mittelstandes sein und eine Front gegen die Sozialdemokratie bilden. So dient er der Abwehr der Bestrebungen zur Sozialisierung und Kommunalisierung, wie dem Kampf gegen die Zwangswirtschaft überhaupt. Dadurch ist er notgedrungen in ein immer stärkeres rein politisches Fahrwasser gedrängt.

Bedeutsamer ist die vielfach vor sich gegangene Bildung von örtlichen Mittelstandsvereinigungen (Mittelstandskartelle), die zwar ebenfalls in der Hauptsache dem vorerwähnten Abwehrkampf gegen alles Zwangswirtschaftliche ihre Entstehung verdanken, jedoch durch die Wucht der Tatsachen nicht selten zu ausgreifender positiver Arbeit gedrängt worden sind. Es ist nicht uninteressant, daß diese örtliche Zusammenfassung zu der gleichen Zeit vor sich geht, wie die Bildung von sogenannten Wirtschaftsstellen sowohl des Handwerks als des Einzelhandels, d. h. von solchen Organisationsgebilden, die eine Zentralisation des Einkaufs und (für das Handwerk) der Arbeitsvermittlung über einen größeren Bezirk hin (z. B. das Land Baden) durchführen und sich so fühlbar machen, daß beispielsweise der badische Einzelhandel gegen die Landeswirtschaftsstelle für das badische Handwerk den Vorwurf der Schädigung des Handels erhob. Damit tritt immer wieder das Moment der Verschiedenartigkeit der Interessen in die Erscheinung, das der Gemeinschaftsarbeit von einer gewissen Grenze an sich hindernd in den Weg stellt. Immerhin hat der örtliche Zusammenschluß eine Anzahl von Neuerungen gezeigt, die höchster Beachtung wert sind. Die Bestrebungen gehen auf den Zusammenschluß sämtlicher Gruppen des handwerkerlichen und kaufmännischen Mittelstandes am Orte bei einheitlicher Verwaltungsgemeinschaft hinaus, wobei zugleich die stärkst mögliche Einflußnahme auf die Kommunalpolitik ein Bindemittel darstellt. Seinen sichtbaren und nicht selten imponierenden Ausdruck hat dieser Zusammenschluß in der Begründung von Mittelstandshäusern in verschiedenen Zentren des gewerblichen Lebens gefunden. Aus einer in Buchform erschienenen Studie über das Mittelstandshaus in Buer ergibt sich beispielsweise als Zweck der Mittelstandsvereinigung:

„Die Vereinigung hat die Aufgabe, die Interessen des in ihr zusammengeschlossenen Mittelstandes vor allem gegenüber den Behörden nach Kräften zu vertreten, für die Aufrechterhaltung der wirtschaftlichen Selbständigkeit der Mitglieder und die Wahrung der Standesehre Sorge zu tragen. Zur Erreichung dieses Zweckes ist eine die Verwaltung führende Geschäftsstelle mit einem oder mehreren hauptamtlichen Geschäftsführern zu bilden. Die Geschäftsstelle hat die laufenden Geschäfte zu führen und die berufsfachlichen Belange der Mitglieder durch Erstattung von Rat und Auskunft, durch Abhaltung von Versammlungen usw. zu fördern."

Es handelt sich demnach einerseits um Aufgaben, welche das Mittelstandshaus als eigentliche Organisation, also als der „berufsständische" Zusammenschluß von Handwerk und Kleinhandel zur Vertretung der gemeinsamen Interessen löst

---

[1]) In der Nachkriegszeit tritt der Verband als Internationale Mittelstandsunion auf, die 1924 einen Kongreß in Bern abhielt. Die einzelnen Länder sind darin durch Landeszentralkommissionen vertreten. Im März 1926 tagte der Rat der Union zu Luxemburg, wobei sich die deutsche Landeszentralkommission durch Vertreter von Handwerk und Einzelhandel, der Haus- und Grundbesitzervereine und des Schutzkartells deutscher Geistesarbeiter beteiligte. Man beriet u. a. über Herausgabe einer gemeinsamen Zeitschrift, Vertretung auf der Weltwirtschaftskonferenz, Fühlungnahme mit der Internationalen Handelskammer.

— hierher gehören hauptsächlich Maßnahmen zur Regelung des Zahlungsverkehrs (Kampf gegen das Borgunwesen usw.), namentlich aber die Einflußnahme auf die Gestaltung kommunalpolitischer Angelegenheiten—; andererseits um Aufgaben, deren Erfüllung zwar auch dem gesamten handwerklichen und kaufmännischen Mittelstande und seinen einzelnen Gliedern zugute kommt, die aber nicht einmalig sind, sondern eine dauernde Kleinarbeit an Personen und Sachen darstellen und deren Lösung meistens durch besondere Einrichtungen des Mittelstandshauses, in diesem Falle als gemeinsamer Geschäfts- und Verwaltungsstelle, vollzogen wird — hierher gehört die Unterstützung aller angeschlossenen Körperschaften, Vereine und deren Mitglieder durch Rat und Auskunft in allen Rechts-, Geschäfts-, Versicherungs- und Steuerangelegenheiten und dementsprechend die Einrichtung und dauernde Unterhaltung einer besonderen Rechtsauskunfts-, Treuhand- und Versicherungsabteilung usw. bei der Geschäftsstelle; und endlich noch, als dritte Gruppe, um Aufgaben, welche der Verwaltungsstelle dadurch erwachsen, daß sie den einzelnen Organisationen das gemeinsame Bureau für die Erledigung ihrer Geschäftsangelegenheiten ist. Unter den finanziellen Aufgaben ragt, neben dem gemeinsamen Einziehungsamt für rückständige Forderungen, das Bemühen um die Begründung einer eigenen Mittelstandsbank im engsten Anschluß an die allgemeinen Berufsorganisationen hervor, die den Bedürfnissen des Geld- und Kreditverkehrs aller mittelständischen Handel- und Gewerbetreibenden Rechnung tragen soll. (An anderen Orten sind solche Banken seit langem in Betrieb.) Auf anderem Gebiete bedeutsam ist das gütliche Schlichtungsverfahren in allen Fällen von Interessengegensätzen nicht nur einzelner Angehöriger, sondern namentlich einzelner Gruppen des Mittelstandes untereinander. Offenbar überwiegt aber die Gemeinsamkeit der Interessen in der Bearbeitung der Kommunalpolitik und dort wiederum in der Einflußnahme auf das S t e u e r w e s e n , dann auf die Gestaltung des S u b m i s s i o n s - , F o r t b i l d u n g s - u n d F a c h s c h u l w e s e n s , die Regelung des Arbeitsnachweises usw. Es ist anzuerkennen, daß durch solche Gründungen der Gedanke der Selbstverwaltung an Wirkungskraft außerordentlich gewinnt und einer Mittelstandspolitik greifbarere Unterlagen geschaffen werden, als es vielfach in der Vergangenheit der Fall gewesen ist.

Einer besondern kurzen Erwähnung bedarf die k a t h o l i s c h - k o n f e s s i o n e l l e M i t t e l s t a n d s b e w e g u n g , die sich um das S t ä n d e h a u s M a y e n (Rheinland) gruppiert. Anfänge dieser Bewegung sind die 1905 veröffentlichte Schrift von P. Jos. T i l l m a n n s , „Die wahre Lösung der sozialen Frage" und die 1906 erfolgte Gründung der Zeitschrift: „Ständeordnung, Zeitschrift zur Heilung unserer sozialen Uebel auf christlicher Grundlage und zur Klärung sozialer Streitfragen", deren Herausgeber der Kaufmann Th. O e h m e n in K o b l e n z war und die im Verlag der Gesellschaft der göttlichen Liebe in M a r i a - M a r t h e n t a l b e i K a i s e r s e s c h (Rheinland) erschien. Die Seele der Bewegung wurde später und ist heute der Mayener Pfarrer Franz K i r c h e s c h und ihr Mittelpunkt ist heute, nach dem Kriege, die G e s e l l s c h a f t z u r g e g e n s e i t i g e n U n t e r s t ü t z u n g (V e r e i n i g u n g d e r g ö t t l i c h e n L i e b e) in M a y e n . Ziel der Bewegung ist die Verselbständigung der Massen. Das Ziel soll erreicht werden, da die Heilung der sozialen Uebel durch Karitas allein ausgeschlossen ist, durch praktische Hilfeleistung an die mittleren und selbständigen Existenzen und an diejenigen, die sich selbständig machen wollen. Voraussetzung für die Durchführung ist die Begründung der Gesellschaftsordnung auf der christlichen Nächstenliebe, die j e d e n verpflichtet, z. B. den Großkaufmann zur Einschränkung seines Betriebes, den Geschäftsmann oder Handwerker zur Beschäftigung von nur einer bestimmten Anzahl von Angestellten oder Gesellen, den Käufer zum Kauf zu einem gerechten Mindestpreis beim Kleinhändler, auch wenn dieser teuer ist usw.; dann den Staat zur Unterbindung der Zwangswohlfahrt, den Beamten, der jedem Bürger ohne Rücksicht auf seine eigene Stellung Schutz für seine natürlichen Rechte gewähren muß. Die Losung ist D e z e n t r a l i s a - t i o n auf allen Gebieten. Sie soll erreicht werden durch A u f b a u   v o n   B e - r u f s s t ä n d e n auf der Grundlage der angedeuteten Be- und Einschränkung, sowie ferner von sozialen B r u d e r s c h a f t e n mit gemeinschaftlichen Andachtsübungen, durch Unterstützung der Glaubensgenossen und namentlich durch den Aufbau der gesamten Gesetzgebung auf dem Fundamente des N a t u r g e s e t z e s wie des N a t u r r e c h t s. „Das Festhalten des Naturrechts und der Aufbau auf demselben ist heute das Schibboleth jeder sozialen Reform." Nicht ausgleichende Gerechtigkeit ist es, worauf es ankommt, sondern ausgleichende Wohlfahrt. Darum werden bekämpft die Gewerbefreiheit, die Gütertrennung, der gesamte Versicherungszwang und die Zwangsschiedsgerichte, der Schulzwang, der Impfzwang; in gewisser Hinsicht auch der Steuer- und Zollzwang sowie der Wehrzwang. Die Frage, ob es denn nicht unvernünftig sei, gegen die Ersetzung der Handarbeit durch Maschinenarbeit zu klagen, beantwortet K i r c h e s c h in Nr. 7 seiner Zeitschrift vom Juli 1923 wie folgt:

„Doch, und das tun wir auch nicht. Auch wir fassen das Gotteswort im Paradiese, daß der Mensch über die Erde herrschen soll, auf als ein Gebot des allgemeinen Kulturfortschrittes, wozu auch der technische Fortschritt gehört. Aber dieser, nämlich der technische Fortschritt, darf nicht im Gegensatz stehen zu dem g a n z e n Kulturfortschritt, sonst bedeutet er Rückschritt. Es ist ja sehr leicht möglich und in unserer Zeit Tatsache, daß man sich von technischen und wirtschaftlichen Errungenschaften gar sehr täuschen läßt und, mit einem ganz materiellen Maßstabe messend, wegen einer Menge von technischen Erfindungen und Neuerungen von einem Kulturhochstande spricht, obschon die eigentlichen geistigen Kennzeichen von Kultur: Religion, Freiheit, Recht, Wissenschaft und Kunst, eher Tiefstand als Hochstand aufweisen. Es darf nie materielle technische Kultur (wenn man hier überhaupt von Kultur reden kann) mit dem ganzen Inbegriff von Kultur verwechselt werden. Ja der materielle technische Fortschritt kommt bei dem wahren Kulturfortschritt erst an l e t z t e r Stelle. Liegen aber in dem sogenannten Fortschritt der Technik und Wissenschaft sogar U r s a c h e n für den Rückschritt in Religion, Freiheit, Recht, Wissenschaft und Kunst — dann ist es heller Unsinn, überhaupt von einem wahren Fortschritt zu sprechen.

Ist aber der Menschenwille beherrscht von der Vernunft und den Geboten Gottes, richtet er sich pflichtgemäß auch im Wirtschaftsleben nach dem christlichen Gebot der Nächstenliebe, dann wird dieser Wille gerade mit Hilfe der Technik die Wirtschaft so beeinflussen, daß die Selbständigkeit erhalten und erbreitert und das möglichst große irdische Glück der möglichst großen Masse gesichert wird. Dann wird die d e z e n t r a l i s i e r t e Gütererzeugung, welche ganz allein den Nährboden für die christliche Familie, christliche Ordnung und Sitte sein kann, Ziel und Rettung sein."

Für die ganze Einstellung der „Gesellschaft zur gegenseitigen Unterstützung" ist charakteristisch ein Aufruf vom Juni 1923, in dem es heißt:

„. . . dem vielen Drängen wollen wir endlich nachgeben und wollen neben unseren anderen Verwertungen auch die F l a c h s v e r w e r t u n g beginnen. Wir hoffen, daß auch dieses Beginnen zum reichsten Segen für alle Beteiligten gereicht. Mögen damit dann aber auch die frohen Stunden für unsere Landbevölkerung wiederkehren, wo Alt und Jung in trauten Winterstunden am Spinnrocken sitzend, bunte Geschichten erzählen, muntere Volkslieder und fromme Lieder singen. Diejenigen Mitglieder und Freunde, welche sich für den Flachsbau interessieren und sich an der ständisch aufgebauten Flachsverwertung beteiligen wollen, mögen sich baldigst unter Angabe der Größe der anzubauenden Fläche melden. Anweisung über Anbau und Pflege wird von hier aus gern gegeben werden. Desgleichen kann der Bezug der Saat zweckmäßig von hier aus übernommen werden."

Es mögen schließlich noch einige der „Leitsätze für die Gesellschaft zur gegenseitigen Unterstützung" herausgeschält werden:

5. Die wahre Wirtschaftsordnung muß also derart sein, daß in und durch dieselbe der Regel nach die allgemein natürlichen Anlagen der Menschen beachtet und die natürlichen Forderungen der Menschen erfüllt werden.

6. Der natürlichen Veranlagung des Menschen entspringen folgende Forderungen:
a) ein genügendes und sicheres materielles Auskommen,
b) ein geordnetes, ruhiges Familienleben,
c) ein gewisses Maß von Freiheit und Selbständigkeit, damit er sich seiner individuellen Natur nach entwickeln kann. — Nur seltene heroische Naturen können von diesen Forderungen absehen.

7. Für die heutige Wirtschaft ist überhaupt nicht die Erfüllung der Forderungen der natürlichen Veranlagung des Menschen oberstes und richtunggebendes Gesetz, sondern die Wohlfeilheit des materiellen Produktes; sie sieht von moralischen Rücksichten auf den Nebenmenschen, wenigstens insoweit solche über das starre Recht hinausgehen, ab und führt darum zur Entfaltung aller egoistischen Kräfte, zum An-sich-reißen aller Produktion, zum Immer-größer-werden, zum Großbetrieb, zur Großindustrie und zu Proletarierheeren.

8. Diese zentralistische Produktionsweise mit Großbetrieb, Großindustriestädten, Proletarierheeren kann ihrem Wesen nach jene Forderungen der menschlichen Natur nicht erfüllen, da sie, auf die freie Konkurrenz gestellt, keine Sicherheit im Auskommen gewährt, Ueberreichtum und Pauperismus züchtet, die Familien auseinanderreißt und den Gefahren der Industriestadt überliefert, den Menschen zum Sklaven der Maschine und des Gesamtbetriebs macht und infolge der weitgehenden Arbeitsteilung geistig abstumpft. . . .

11. Also nur durch die dezentralistische Wirtschaft kann die Forderungen der Menschennatur für die Masse erfüllen.

12. Deshalb muß erstrebt werden die Erhaltung und Erbreiterung der selbständigen Existenzen in Landwirtschaft, Handwerk und Handel, die Wiederverbindung des Arbeiters mit den Produktionsmitteln, Klein- und Mittelbetrieb an Stelle der Großfabrik und des Großhandels.

13. Solange die zentralistische Wirtschaft mit ihren großen Schäden andauert und dort, wo der Dezentralisation natürliche Hindernisse im Wege stehen, muß der Staat die vorkommenden Verstöße gegen die Gerechtigkeit durch Gesetze zu verbieten und durch Gericht zu ahnden suchen und ferner muß der Staat die ungerechten und der Zentralisation Vorschub leistenden Gesetze abschaffen. — Aber nicht darf der Staat Verstöße gegen die Liebe, welche das zentralistische System in Masse mit sich bringt, gesetzlich und zwangsmäßig direkt unterbinden, vielmehr muß er hier der Privatmoral und Privatfürsorge freien Spielraum lassen.

14. Die Durchführung der Dezentralisation ist wesentlich abhängig von dem freien sittlichen Hochstand des menschlichen Willens, der sich vom Egoismus abwendet, gerade so wie die Zentralisation ganz allein das Ergebnis der egoistischen Willensrichtung war, welche sich hierzu der materiellen Hilfsmittel (Maschinen usw.) bediente.

15. Handelt es sich aber um Aenderung des Willens, d. h. um sittliche Erziehung, so kommt bei der Dezentralisation zunächst nicht der Staat, nicht das Gesetz, nicht die Politik in Frage. Ferner kommen nicht in Frage Machtorganisationen oder Zwangsvereinigungen.

16. Die Dezentralisation kann vielmehr allein durchgeführt werden durch Mittel, welche eine sittlich-erzieherische Beeinflussung des Willens auszuüben imstande sind.

17. Die kräftigsten und einzig nachhaltigen Mittel zur sittlichen Erziehung liegen in der praktischen Religion, d. i. Konfession.

18. Es muß also eine konfessionelle, d. h. für uns katholische Beeinflussung des Willens, zumal seitens der hierzu bestellten kirchlichen Lehrer, Priester und Hirten, stattfinden, damit der Egoismus und das Zentralisationsstreben Platz macht der christlichen Nächstenliebe und vernünftiger Selbstliebe und dem Streben nach Dezentralisation mit Erhaltung und Vermehrung der Selbständigkeit.

19. Da die praktische Durchführung der Erhaltung und Vermehrung der selbständigen Existenzen nicht durch die gutwillige Betätigung des einzelnen oder vereinzelter erreicht werden kann, so müssen sich die Gutwilligen, d. h. diejenigen, die sich von der katholischen Beeinflussung leiten lassen, zu einer Gesellschaft zur gegenseitigen Unterstützung zusammentun.

Welche tatsächliche Bedeutung die Bewegung hat, ist schwer zu übersehen. Nach einer Angabe soll die Vereinigung „der göttlichen Liebe", wie sie damals noch hieß, im Jahre 1914 etwa 10 000 Mitglieder gezählt haben. Sicher ist, daß in den Kreisen der nach Selbständigkeit ringenden Gesellen, die sich aus dem Stande der reinen Lohnarbeiter hinauszuentwickeln streben, die Gedankengänge der Bewegung sehr viel Anklang finden. Andererseits gibt es viele Auseinandersetzungen mit der bereits organisierten Mittelstandsbewegung, namentlich mit den Vertretungen des organisierten Handwerks, in den katholischen Gegenden, die der Bewegung vor allem ihre konfessionelle Beschränkung und die Hinwendung an das noch nicht selbständige Gesellentum, aber auch ihr Absehen von der Preiskalkulation der Innungen usw. als schädlich vorhalten. Es ist aber auch nicht zu verkennen, daß in dem Schriftwerk der Vereinigung insbesondere mit der Auslegung von Schriftstellen und von Zitaten aus päpstlichen Rundschreiben usw. oft recht eigenartig verfahren wird, was nicht besagen will, daß es sich hier um bewußte Demagogie handelt. Die Gesellschaft beruft sich darauf, daß sie aus der geistigen Not des erwerbslosen Volkes geboren sei und daß drei Bischöfe Priester auf deren Bitten für die religiös soziale Arbeit in der Gesellschaft frei gegeben haben. In neuerer Zeit greift die Bewegung auch über den engeren Bezirk des Mayener Ständehauses hinaus; sie errichtet Abteilungen in den verschiedensten, vor allem natürlich überwiegend katholischen Bezirken des Landes. Den bereits bestehenden Standesorganisationen mit interkonfessioneller Zusammensetzung schlägt man Kartellvereinigungen vor.

4. Ausblick.

Ueber die zukünftigen Aussichten des „alten" Mittelstandes zu reden in einer Zeit, in der das Ungewöhnliche nahezu zur Regel wird und unter Verhältnissen, wo alles schwankt und jeder Tag mit unheimlichen Schlägen neue Klüfte in das Gesellschafts- und Wirtschaftsgefüge reißt, ist mehr als gewagt. Man ist notgedrungen auf die Aufzeigung einiger Tendenzen und auf die Schlußfolgerung aus einigen wenigen, dazu keineswegs feststehenden, Prämissen beschränkt. Das möge bei den nachfolgenden Ausführungen berücksichtigt werden.

Alles, was zum „alten" Mittelstand gerechnet werden kann oder sich selber dazu zählt, hatte vor dem Kriege eine Zeit der äußeren und inneren Kräftigung durchlebt. Je mehr die Mittelstandspolitik Sache der eigenen, vor allem organisierten, Betätigung geworden war, um so mehr konnte sich die öffentliche Politik darauf beschränken, für diese Betätigung einen „wohlwollenden" gesetzlichen Rahmen zu schaffen. Jedenfalls stand die Politik als Ganzes allem mittelständischen Wesen ausgesprochen freundlich und fördernd gegenüber. Der Satz von der kulturellen Bedeutung und Unentbehrlichkeit des Mittelstandes war fast zu einer stereotypen Phrase geworden, deren Begründung, wenn man sie heute bei Licht besieht, wirklich nicht durch ein Uebermaß von Geist und Witz erdrückend wirkt. Indes schadete der letztere Umstand insofern und so lange nicht, als wenigstens von einzelnen Zweigen des Mittelstandes eine allmählich kräftiger werdende Selbstrechtfertigung durch eigene Tat ausging. Soweit das H a n d w e r k in Betracht kommt, ist damit eine Entwicklung eingeleitet worden, die den Krieg überdauert und noch in neuester Zeit — sagen wir auch hier: teilweise — neue, vielversprechende Knospen getrieben hat. Vom Handwerk kann man daher wohl mit größerem Recht voraussagen, daß es, wenn es ihm auch fernerhin an eigener Initiative nicht gebricht, für die Zukunft wirksam vorgebaut hat. Möglich sogar, daß sich dem syndizierten und vertrusteten Großbetrieb der Klein- und Mittelbetrieb in der nächsten Zeitspanne überhaupt wieder ausgesprochener als charakteristischer Träger des Gewerbelebens an die Seite stellt: Der leichtere Zugang zu manchen technischen Errungenschaften, die für Aufbau, Einrichtung und Durchführung des Betriebes von grundlegender Bedeutung sind, namentlich durch die Dezentralisation der Kraftzuführung, käme einer solchen Entwickelung zu Hilfe. Dem Handwerk fällt somit voraussichtlich bei dem Neuaufbau eine wichtige Rolle zu, eine Rolle, deren es sich in dem Maße besser wird entledigen können, als es mit der Arbeiterschaft, die sich in den „handwerksmäßigen" Berufen noch am meisten von den Ueberspannungen der Arbeiterbewegung frei ge-

halten hat, in ein vernünftiges Verhältnis kommt. Auf dieser Grundlage lassen
sich am ersten die Anforderungen an eine größere Rationalisierung des Betriebs-
ganges mit jenen, die der Ruf nach Qualitätsarbeit umfaßt, vereinbaren und einem
allmählichen Wiederaufstieg dienstbar machen. Freilich ist es nicht unwahrscheinlich, daß in die Reihen des Spezialistentums, wie man es vor allem in Süddeutschland antrifft, unter dem Druck der Verhältnisse erhebliche Lücken gerissen
werden. Ohne eine gewisse Konzentration dürfte das Handwerk schwerlich die
Kraft finden, sich dauernd der neuen Lage gegenüber durchzusetzen.

Scheint somit eine gewisse Berechtigung gegeben zu sein, die Zukunft des
Handwerks nicht allzu düster anzusehen, so fehlt diese Berechtigung für den
anderen großen Zweig des Mittelstandes nahezu ganz. Der K l e i n - u n d E i n -
z e l h a n d e l ist in Notzeiten den Zugriffen einer, gegen die Not anlaufenden
Volksmenge am nächsten. Man kommt immer wieder miteinander in Berührung
und Vergleiche liegen nahe. Es ist gar kein Werturteil der in der Nationalökonomie
verpönten Art, wenn festgestellt wird, daß sich die Schicht der Kleinhändler bei
den Massen unbeliebt gemacht hat. Was Wunder, daß das Ventil unter dem
Druck der Volkserregung leicht gegen den Kleinhändler losgeht! Der sich so be-
hende auf Dollarkurs und Goldmarkrechnung einstellende Kleinhändler ist dem
Volk zu schlau geworden. Es ist daher mit ziemlicher Sicherheit darauf zu rechnen,
daß die Losung zur Ausschaltung der vielen Zwischenglieder auf dem Wege zwischen
Produzenten und Konsumenten, die seither erheblich an Volkstümlichkeit gewonnen
hat, sich vor allem an Klein- und Einzelhandel erproben wird. Demgegenüber läßt
sich eine staatliche und gemeindliche Schutzpolitik zugunsten des Klein- und
Einzelhandels schwerlich durchführen. Andererseits schreitet der unmittelbare
Großeinkauf durch Organisationen und ad hoc gebildete Verbindungen immer
weiter fort. Daneben gewinnen die Konsumvereine ganz erheblich an Boden.
Aller Voraussicht nach wird ihnen die Politik der öffentlichen Körperschaften auch
fernerhin in zunehmendem Maße Zugeständnisse machen müssen. Aber auch die
rasche Ausbreitung der Groß-Filialbetriebe wie die Einführung von „Einheits-
preis-Geschäften" nach amerikanischem Muster bedrängen den Kleinhandel mehr
und mehr. Daß eine Konsumfinanzierung (Finanzierung des Konsums des letzten
Kleinkäufers durch ein organisiertes Kreditsystem), wenn sie zustande kommt,
den eigentlichen Kleinhandel überaus empfindlich treffen kann, bedarf keiner
ausdrücklichen Betonung. Die glänzenden Ladenlokalitäten des Kleinhandels
setzen nicht nur eine gewisse Wohlhäbigkeit, sondern auch eine bestimmte psy-
chische Einstellung der Menschen, die von dem Gefühl des Fortschritts der allgemeinen Lebensbedingungen genährt wird, voraus, und beides fehlt uns sicher
auf lange Zeit. Darum wirken sie auf viele eher abstoßend als anziehend. Mittelstandspolitik zugunsten des Kleinhandels findet somit in absehbarer Zukunft kaum
einen tragfähigen Boden.

Die Schwierigkeiten anderer Zweige mit — jetziger oder früherer — Mittel-
standseinstellung, wie der f r e i e n B e r u f e, brauchen nur angedeutet zu werden,
um eine geradezu pessimistische Prognose für sie zu begründen. Schließt man von
den Aussichten aus, die sich für die meisten Angehörigen dieser Schichten in der
jetzigen Zeit bieten, so erscheint es sogar schon sehr sanguinisch, auf dieselben
mit Alfred W e b e r (Eisenacher Verhandlungen des Vereins für Sozialpolitik,
S. 181) als auf die „arbeitsintellektuelle Unterlagenschicht für die künftige Ein-
gliederung der geistigen Arbeit, aus der das gesellschaftlich nicht Abschätzbare
geistig Produktive herauszuwachsen hat", zu hoffen. Sie werden zumeist ihr
Brot sauer genug zu verdienen haben. Die Notlage eines großen Teiles der Institutionen unserer Sozialpolitik im weitesten Sinne hat allein schon die Existenzgrundlage von sehr vielen außerordentlich geschmälert. Mittelstandspolitik
irgendwelcher Art zugunsten der freien Berufe würde, so oder so, immer
öffentliche finanzielle Opfer erfordern. Diese Quelle droht zu versiegen. Kommt

es, wie in absehbarer Zeit wohl zu erwarten ist, zu einem Umbau der Sozialpolitik in der Form, daß die hauptsächlichsten Zweige derselben eine b e r u f ss t ä n d i s c h e Grundlage und Gliederung erhalten, wird ferner auch die Selbstverwaltung in größerem Umfange auf eine solche Grundlage gestellt, so werden sich von da aus nach einer Zeit des Uebergangs wohl etwas tröstlichere Ausblicke ergeben. Sehr viel wird indes davon abhängen, ob man sich in den beteiligten Kreisen selber über die noch verbleibenden Möglichkeiten klar ist und sich denselben rationell anzupassen versteht. Dazu wird es auf alle Fälle noch einer weitgehenden Disziplinierung bedürfen, die resolut die Schlußfolgerung zieht, daß von einem „Recht auf Arbeit" angesichts einer aus dem Gleichgewicht geworfenen Wirtschaft am allerwenigsten die Rede sein kann.

Das Gefühl, in Hinsicht auf die Gestaltung der öffentlichen Mittelstandspolitik ziemlich verlassen zu sein, hat große Teile all der Schichten, die sich zum „alten" Mittelstand zählen, insofern zusammengeführt, als sie zu der politischen Konstellation der Zeit nach dem Kriege in Opposition stehen. In vielem sehen dieselben sich als eine Stütze der alten Gesellschaftsordnung gegen das „Neue" an. Daran knüpft sich nicht selten die Hoffnung, daß eine Aenderung der politischen Konstellation gerade dem Mittelstande in besonderem Maße zugute kommen würde. Diese Hoffnung hat in den Tatsachen und Möglichkeiten unserer Zukunft keine Begründung. Auch eine im Prinzip noch so mittelstandsfreundliche Regierungskonstellation muß mit diesen Tatsachen und Möglichkeiten rechnen. Sie könnte zwar programmatisch manches in Aussicht stellen, würde sich aber bald schon an der harten Wirklichkeit zerreiben.

Die Entwickelung dürfte ganz im allgemeinen dahin gehen, daß immer weitere Positionen des „alten" Mittelstandes durch den „neuen" Mittelstand eingenommen werden. Vielfach, und namentlich von den gefährdeten Gruppen des „alten" Mittelstandes selber, wird das als ein Verhängnis für die Kulturgestaltung hingestellt. Daraus spricht die natürliche Abneigung desjenigen, der „im Besitz" ist, gegenüber dem Emporkömmling, so daß also das Urteil von dieser Seite aus gewiß nicht als unbedingt maßgebend anzusehen ist. Dennoch ist es sicher, daß der „neue" Mittelstand, zunächst rein äußerlich genommen, im Vergleich zu dem alten stark abfällt, und zwar namentlich dadurch, daß ihm die Selbständigkeit im alten Sinne abgeht, damit aber zugleich eine Basis, die für die Persönlichkeitsentfaltung, den Mittelpunkt aller Kulturgestaltung, die günstigsten Chancen bietet. Was die neuere Entwickelung einstweilen an Möglichkeiten zur Selbständigkeit für den Angehörigen des „neuen" Mittelstandes bietet, ist nicht viel, und keine Mittelstandspolitik vermag das zu ändern. Allein die Möglichkeiten brauchen nicht mit dem erschöpft zu sein, was wir einstweilen handgreiflich vor uns sehen, und gerade das geistige Ringen dieser Zeit mit den Problemen der Wirtschaft und der Arbeit mag ein Ergebnis zeitigen, das neue Arten der Selbständigkeit auftut und somit auch der Entfaltung der Persönlichkeit in dieser oder jener Form wieder zugute kommt. Und darüber hinaus braucht es, trotz allem, nicht unbedingt ausgeschlossen zu sein, daß aus dem Dunkel dieser Tage eine neue Kulturauffassung ans Licht strebt, eine Auffassung, deren Wertungen auf die Dauer auch die soziale Schichtung beeinflussen.

D i e Anschauung muß jedenfalls zurückgewiesen werden, die im letzten Grunde darauf hinausläuft, daß jede Lagenveränderung, die dem „alten" Mittelstand Abbruch tut, schlechthin als der Anfang vom Ende anzusprechen sei. Schon der Blick auf die Antike und ihre Kultur sollte vor solch massivem Urteil behüten. Zudem wäre es vermessen, angesichts des „kapitalistischen Geistes", der Sucht zu schrankenlosem Erwerb, die a l l e Kreise ohne Ausnahme erfaßt hat, heute noch den Typ des mittelständischen Menschen als den Menschen des bewußten, sagen wir: tugendhaften, Maßhaltens „in der Mitte" zwischen den Extremen hinstellen und mit diesem Hinweis seine kulturelle Unentbehrlichkeit dartun zu wollen: das käme einem, nicht mal schönen, Selbstbetrug gleich. Ganz allgemein ist zu sagen: Man kann dem Relativismus noch so fern stehen und kann dennoch eine Verabsolutierung der Mittelstandsauffassung der bisherigen Art ablehnen. Was sich selber vom „alten" Mittelstand bewährt, indem es vor allem den Zeitforderungen gerecht wird, das wird seine eigene Zukunft zimmern, auch wenn die öffentliche Mittelstandspolitik unter dem Druck der Not die Zügel am Boden schleifen läßt: es wird sich eben erinnern, daß es dann erst recht auf die eigene schöpferische Betätigung ankommt, die schließlich die wirksamste Mittelstandspolitik ist. Die Zeit, der die Wirtschaftsstände mehr denn je ein hartes Gepräge aufdrücken, sollte eben recht geeignet sein, nicht die eigenen Kräfte durch hypnotisches Zurückstarren auf die vergangene „gute alte Zeit" zu schwächen, sondern das Geschick selber beherzt und entschlossen in die Hand zu nehmen. Hier, bei dem eigenen Willen zu entschlossener Selbsthilfe, ist der sicherste Ansatzpunkt für alle Mittelstandspolitik der nächsten Zukunft.

Wilhelm Bölsche

Im Bernsteinwald

Salzwasser

Wilhelm Bölsche

Im Bernsteinwald

1. Auflage | ISBN: 978-3-84606-149-7

Erscheinungsort: Paderborn, Deutschland

Erscheinungsjahr: 2015

Salzwasser Verlag GmbH, Paderborn.

Nachdruck des Originals von 1927.

Wilhelm Bölsche

Im Bernsteinwald

Salzwasser

IM BERNSTEINWALD

Im Bernsteinwald

Von

Wilhelm Bölsche

.

„Heraus in eure Schatten, rege Wipfel
Des alten, heil'gen, dichtbelaubten Haines . . ."
Jphigenie

Die Geschichte vieler Völker, und nicht zum wenigsten unsere deutsche, beginnt im Walde.

Eine Weile sieht die Volkserinnerung noch bewegtes Menschen=leben, einzelne starke Gestalten — dann erscheint wie eine Mauer der Wald.

Der Wald der Urzeit, des Geheimnisses.

Es ist das gleiche Bild, das dem Bewohner flacher Niederungen so oft den Horizont als blaue Wand abschneidet. Ich habe meine Jugend in der unteren Rheinebene verlebt, wo eine Pappel, eine einsame Windmühle schon etwas Riesiges dünkten; schob sich aber ja einmal ein Stück niedrigen Buschwaldes auch dort ein, so lag es von fern als ein Gebirge, das die Wolken trug. Und an diesen Zauberforst, der dem Kinde lange unerreichbar blieb, knüpften sich mir zugleich die Figuren des Märchens. Dort mußten unerhörte Blumen duften, Zwerge hausen, Tiere umgehen, die mit Menschen=sprache redeten.

Dieser Reiz des unnahbaren letzten Wunders im Walde ist mir aber immer treu geblieben. Ich habe ihn viel später noch einmal auskosten dürfen, als aus der ganz platten russischen Ebene sich unvermittelt vor mir der hohe Dornröschenhag des berühmten Ur=waldes von Bialowies erhob, wo sich damals wirklich noch die Wisente und Elche des alteuropäischen Sumpfdickichts spielten.

Von einem solchen „Urwalde" in des Wortes kühnster Bedeutung will ich auch hier erzählen.

Er ist allerdings so alt, daß ihn auch die letzte wahre Horizont=schau der ganzen Menschheit nicht mehr erfaßte.

Und doch ist er dieser denkenden Menschheit immer einmal wieder so aufgestiegen.

Wie eine bunte Fata Morgana, die bald hoch am Himmel stand, bald ganz tief in den Wassern zu versinken schien.

Wie ein Gespensterspuk, dem auferlegt war, keine Ruhe zu finden.

In gewissen Stimmungen schien es, als müsse er unbedingt greifbar noch irgendwo neben uns grünen. Wellen schienen von ihm bis zu uns zu rinnen, die sein seltsames Gold auswuschen, daß wir die Hand darauf legen konnten.

Aber dann verlor er sich wieder, tauchte in den Abgrund der ewigen Zeitenferne wie die Gralsburg der Sage, nach der ein Reiter immer trabt und trabt, ohne ihr je näher zu kommen wie dem Regenbogen.

Bis endlich auch hier der ruhige Blick des Forschers Stete in der Erscheinungen Flucht brachte. Den Spuk zum Stehen brachte und zur Antwort zwang. Womit er erlöst war — so weit auch Menschen= klarheit ein Geheimnis der Natur ganz zu erlösen vermag ...

Es war vor rund achtzehnhundert Jahren.

Damals, als das ungeheure Weltreich der Römer auf dem Gipfel seiner Macht und Kulturbedeutung stand.

Man hat die römische Cäsarenzeit gern als eine üble Epoche des Verfalls geschildert. Wahnsinniger Luxus sollte die Völker entnervt, in ihrer Sittlichkeit vergiftet und dem unaufhaltsamen wirtschaft= lichen Ruin zugeführt haben. In Wahrheit war es die größte Epoche erstarkender Weltkultur, die vorher wie nachher die Menschheit über= haupt erlebt hat. Ein einheitliches Recht und Gesetz umspannte fast alle damals mitarbeitenden Kulturnationen. Jahrhunderte fast voll= kommenen Weltfriedens ließen alle bürgerlichen Kräfte dieser Völker ineinanderwirken, anstatt daß sie sich gegenseitig zerfleischten. Zum erstenmal wurden alle damals bekannten Länder mit einem mäch= tigen Netz prachtvoller Straßen überzogen, eine Weltpost eingerichtet, ein geregelter Reichsflottenbetrieb von Ceylon und Sansibar bis Ir= land und Jütland eröffnet. Gleiche Münze galt von Zentralasien bis Spanien. Statt des angeblichen Wirtschaftsverfalls trat erst= malig auch ein wirklicher Welthandel ohne größere Zollschranken und mit echten Weltverkehrsmitteln als einheitliche Organisation in Kraft.

Es klingt wie ein Märchen und ist doch wissenschaftlich echt, daß das Römische Reich damals in solchem festen Handel selbst mit China stand. Man führte abendländische Metalle, Teppiche, Glaswaren aus und bezog dafür chinesische Seide. Noch liest man in den chinesischen Chroniken von den Kaufleuten An=Tuns (in Wahrheit des Cäsars Marcus Aurelius Antoninus), die am chinesischen Hof empfangen wurden; liest dort von den Heeresstraßen, Posten und Glasfabriken der Römer. Reichsrömische Musiker und Gaukler gaben an solchem Hof Gastvorstellungen.

Kein Wunder, wenn sich bei solchem Weltfrieden und friedlichen Weltverkehr auch der Wohlstand und die Freude an farbigerem, weltfrohem Leben daheim überall hoben. Wie am Seidenkleid aus China, so ergötzte man sich am glänzenden Schmuck, auch wenn der Smaragd dazu aus dem fernen Ural oder Altai durch weiten Tauschhandel beschafft werden mußte, wenn endlose Meerfahrten oder der Transport über hohe, verschneite Alpenpässe nötig waren, dem Bedürfnis der schönen Trägerin zu genügen.

Dort aber, in diesen bewegten und hohen Kulturtagen, wo zum erstenmal recht eigentlich der Begriff einer „Menschheit" (erst recht= lich und wirtschaftlich, dann auch ethisch) geprägt wurde, hören wir nun auch vom Bernstein.

Wenn wir in Rom zu Ende etwa des ersten Jahrhunderts n. Chr. einen der zahlreichen Juwelierläden an der heiligen Straße des Forums oder auf dem Marsfelde besucht hätten, so würde man uns auf Wunsch wohl überall solchen Bernstein, roh oder schon künstlerisch verarbeitet, vorgelegt haben. Einen hübschen, meist gelben oder gelbroten klaren Zierstein von den entschiedenen oberflächlichen Qualitäten eines feinen Halbedelsteins, chemisch widerstandsfähig, bei höherer Temperatur unter angenehmem Geruch abbrennend, im harten Normalstande aber technisch schleifbar zu einem Feuer, das ihn im besten Falle zum Schmuckstück allerersten Ranges machte. Man hätte ihn in billigeren und kostbareren Sorten angeboten, die einfachen doch so im Preise, daß sich auch ein schlichtes Landmädchen aus der Provinz eine Kette um sein braunes Hälschen leisten konnte. Denn in letzter Zeit grade sei er wieder besonders reichlich eingeführt worden.

Mancherlei geheimnisvolle Gaben wurden im besonderen noch an ihm gerühmt: so, daß er gerieben feine Stoffschnitzelchen anzöge, wobei doch noch keine Ahnung bestand, was für eine ungeheure Naturkraft sich hieran einmal offenbaren sollte.

Freilich hätten wir nicht mit unserem geläufigen deutschen Worte „Bernstein" fragen dürfen. Aber es gab schon damals sehr gute griechische wie lateinische Namen dafür.

Denn wie die ganze Juwelierkunst bereits eine altehrwürdige war, so auch die Bernsteinverwertung in ihr.

Mehr als tausend Jahre nochmals früher hatten die altgriechi= schen Sagenkönige von Mykenä, deren Schätze unser Schliemann wieder aufgedeckt hat, ihren Frauen die schönsten Bernsteinketten mit ins Grab gegeben, Perle um Perle durchbohrt und auf einer Schnur gereiht.

In der Odyssee (Gesang XV, Vers 414 ff.) tauchen im Heimat=
land des „göttlichen Sauhirten" pfiffige Phönizier auf, die den Leuten
alles wegschachern und dafür goldenes Geschmeide bieten, (wie Voß
verdeutscht) „besetzt mit köstlichem Bernstein". Über die Stelle ist
leiser Streit, da das hier schon gebrauchte Griechenwort Elektron
ursprünglich auch eine Silberlegierung des Goldes selbst bedeuten
konnte; aber gerade die Erwähnung der vielgereisten phönizischen
Händler als Vermittler dürfte als Beweis, daß der Bernstein gemeint
ist, genügen.

Wenn wir unsern römischen Juwelier etwa unter des trefflichen
Cäsars Trajanus Regierung aber gefragt hätten, was man eigentlich
über Natur und Herkunft dieses schimmernden Goldsteins wisse, so hätte
er, der wohl auch damals schon ein gebildeterer Mann war, uns in
den Lesesaal der benachbarten Bibliothek des Augustustempels ver=
wiesen. Dort sollten wir uns das große Werk des wenig älteren
Zeitgenossen Plinius vorlegen lassen, eine Art Handwörterbuch der
gesamten damaligen Naturwissenschaften. Im 37. Buch sei ausführ=
lich auch der Bernstein behandelt.

Nun, wir loben die Bescheidenheit der Mäuse und das Pech der
nachfolgenden bösen Bilderstürmer. Denn dieses wahrhafte Monu=
mentalwerk des Plinius ist uns über alle Ungunst der Zeiten hinweg
bis heute erhalten geblieben und kann noch immer von modernen
Lateinlesern eingesehen werden.

Plinius selbst war ein etwas galliger römischer Militär, der am
liebsten seine Landsleute alle wieder bei der Mehlsuppe der guten
alten Zeit gehabt hätte und ein Spargelbeet oder ein Bernstein=
kettchen eines schönen Mädchens bereits für eine Verschwendung
hielt — wobei grade er durch sein Schimpfen nicht wenig zu jenem
bösen Ruf seines ganzen Zeitalters beigetragen hat. Er ist aber als
Forscher beim Untergang Pompejis groß in den Dämpfen des Vesuv
gestorben, und riesengroß und eine unendliche Wissensfundgrube
ist für uns auch sein enzyklopädisches Werk, das er seinerzeit mit
der Pedanterie eines uferlosen Zettelkatalogs aus Hunderten meist
für uns verlorener Quellschriften zurechtgeschnitten hatte.

Und da lesen wir also auch jetzt noch vom Bernstein — alles wohl
so ziemlich, was die antike Welt über ihn bereits in Erfahrung ge=
bracht. Wahrheit und Dichtung, meint Plinius selbst, wo man schon
stark kritisch sichten müsse.

Zunächst (ich ordne seinen auch hier sehr weitschweifigen Zettel=
kasten für meinen Zweck etwas deutlicher um) hören wir noch ein

paar unterhaltende Züge zu jenem zeitgenössischen Bernsteinbetrieb selbst. Der schönste müsse von der Farbe des edeln Falernerweins sein: wir kennen diese Sorte heute noch. Bei den römischen Lebedamen sei es Mode geworden, bernsteinfarbige Haare zu tragen. (Sie färbten wie wir!) Jene seltsame Anziehungsgabe mache sich bereits bei Spinnwirteln aus Bernstein geltend, die die Fransen der Gewebe zu sich herüberzögen.

Auch hygienisch verwerte man ihn, indem man z. B. in Gegenden mit schlechtem (wir würden vielleicht sagen: jodarmem) Wasser die Bauernfrauen Bernsteingeschmeide um den Hals trügen als Mittel gegen Anschwellungen (Kropf?).

Aber nun die Herkunftsfrage selbst — erstlich rein geographisch. Verschiedene Autoren ließen ihn aus der Erde graben. Wir werden später sehen, daß das eine interessante Angabe ist. Andere brächten ihn dagegen seit alters mit dem Wasser in Verbindung. Dächten ihn angeschwemmt. Etwa vom Meer. Enger lokalisiert hätte man auch das aber schon früh auf den nordischen Ozean — da oben, wo die Germanen an die See grenzten. Man beginnt aufzumerken, wenn das zuerst gesagt wird. Pytheas nehme da oben irgendwo ein ungeheures Ästuar (Mündungsflachwasser) an, dort herum hausten die Gutonen (Goten), und denen treibe die Sturmflut in jedem Frühling den Bernstein an, den sie teils an Stelle von Holz zum Feuern brauchten (also als Brennstein!), teils den benachbarten Teutonen verhandelten. Dieser Pytheas ist für uns heute wieder eine sehr bedeutsame Gestalt. Er war nämlich sozusagen der erste Nordpolfahrer — von den Kaufleuten der Griechenstadt Massalia, dem heutigen Marseille, in den Tagen des großen Alexander zu einer merkantilen Studie über die Heimat des damals zum Bronzeguß so nötigen Zinns ausgesandt, benutzte er das als Astronom zu Vorstößen ins Land der Mitternachtssonne. Kam nach Jütland und Norwegen, wobei er dann irgendwie auch die Bekanntschaft jener unzweifelhaft germanischen Stämme gemacht haben muß. Also eigentlich auch der Entdecker Deutschlands. In jenem Ästuar hat man ein Haff sehen wollen, doch bleibt das dunkel.

Inzwischen sei aber auch diese lose Kunde schon wieder veraltet. Denn die Römer selbst hatten ja seither ihre großen Germanenkriege geführt, hatten ihre Flotten durch die Nordsee getrieben und auch über jene Nebelküsten allerlei amtlichen Bericht eingezogen. Plinius selber war eine Weile Reiteroberst im deutschen Okkupationsgebiet gewesen. Und so sei heute ganz unanzweifelbar (certum est), daß

wenigſtens der in Rom käufliche Bernſtein wirklich aus jenem nördlichen
Ozean ſtamme. Anderer möge in Indien vorkommen (vielleicht hier
bloß eine Verwechſlung mit unſerm Kopal), der im Mittelmeerhandel
aber ſei germaniſch. Wozu wir heute chemiſch beſtätigen können,
daß ſelbſt jene uralten Bernſteinperlen von Mykenä durch ihren hohen
Bernſteinſäuregehalt, der allen ähnlichen Stoffen fehlt, ſich als Nord=
Bernſtein ausweiſen. Mit der Flut komme er noch immer ans
Ufer, leicht vom Waſſer beweglich, wie er ſei; tatſächlich hat der
Bernſtein nahezu Schwimmgewicht. Wobei uns zum erſtenmal jetzt
von dem ſachkundigen Offizier auch ein einheimiſcher germani=
ſcher Name mitgeteilt wird: ſie nannten ihn dort mit einem auch
bei den römiſchen Soldaten im Feldzug verbreiteten Worte „Gle=
ſum" — worin wohl ſicher die älteſte Wortwurzel unſeres „Glas"
ſteckt. Zu jener Brennbarkeit alſo jetzt auch die andere leicht erſicht=
liche Eigenſchaft des durchſichtig Glänzenden. Der wenig ſpäter
ſchreibende Hiſtoriker Tacitus hat den gleichen Ausdruck.

Mit dieſem angeſpülten Meerglas aber gehe nun längſt Handel
nicht bloß zu den Nachbarſtämmen, ſondern quer durch den ganzen
Erdteil bis zu uns, d. h. bis in die Kulturzentren des Mittelmeers.
Über Öſterreich trete er ins Reich und habe ſeine Stapelplätze ſchließ=
lich am Adriatiſchen Meer bei (neuzeitlich ausgedrückt) Trieſt und
Venedig. Dieſer Weg weiſt, wieder recht belehrend, unverkennbar
auf die Oſtſeite der Germanenküſten. Im übrigen wiſſen wir ja aus
den zahlreichen binnenländiſchen Funden an Römergeld und Römer=
waren (Metall= und Glasgefäßen, Waffen, Gewandnadeln, Glas=
perlen) zur Genüge, wie intenſiv auch dieſer Nordhandel zeitweiſe
allgemein geweſen ſein muß. Vieh, Gänſefedern, Pelzwerk, auch
ſtattliche Sklaven wurden neben dem Bernſtein eingetauſcht. Wozu
uns Plinius dann noch ein beſonders hübſches zeitgenöſſiſches Epi=
ſödchen gibt.

Unter Nero (alſo erſt kürzlich) ſei ein römiſcher Ritter eigens
an die Quelle ſelbſt entſandt worden. Von Julianus, dem Ober=
regiſſeur der kaiſerlichen Fechterſpiele. Bernſtein, der damals friſche
Mode, am Ort im großen einzukaufen. Der Mann lebe noch und
könne berichten. Er habe die ganzen nordiſchen Handelsplätze und
Küſten abgewandert und ſo viel Bernſtein mitgebracht, daß am
nächſten Feſttag die ganzen Netze zum Abhalten der wilden Tiere
von den Staatslogen mit Bernſteinſtücken geknüpft und alles Gladia=
torengerät ſelber daraus beſtritten werden konnte. Es muß ſchon
ein hübſches Gefunkel von deutſchem Meergold geweſen ſein. Der

Landschaft an der ostpreußischen Bernsteinküste (bei Warnicken im Samland)

größte erworbene Klumpen habe dreizehn Pfund gewogen, was nicht
über unsere stärksten heutigen Museumsstücke geht. Dabei erhalten
wir den Reiseweg jetzt noch genauer. Über Carnuntum geht er, das
ist Petronell östlich von Wien, eine damals berühmte Station der
römischen Donauflotte. Der gute Cäsar Marcus Aurelius, der gleiche,
den die Chinesen feierten, hat hier später seine philosophischen Selbst=
gespräche geschrieben. Wir denken uns nach der Karte, der Ritter,
der bis dahin noch sozusagen Kulturboden beschritten, sei von dort
die Marsch hinauf und die Weichsel hinunter gefahren. Mit dem Zau=
berwort der Zeit: „Ich bin römischer Bürger" wohl immer noch
leidlich geschützt. In der geraden Linie läßt ihn Plinius von der
Donau noch sechshundert römische Meilen gebrauchen — was wieder
eine sehr wichtige Angabe ist.

Zu der Heimatfrage dann aber die eigentlich naturgeschichtliche.
Wenn er schon nordisches Meeranschwemmsel sei, wie und als was
der Bernstein in dieses nordische Meer komme? Wenn wir solchen
Strand begehen und wir finden Seetang und Muscheln ausgespült,
so wissen wir, daß das eingeborenes Seegewächs und Seegetier ist.
War also auch der Bernstein irgendwie solches Erzeugnis der See
selbst? Auch hier führt Plinius zuerst wieder durch allerlei Abstrusi=
täten. Die Griechen, die er als stockrömischer Oberst immer etwas auf
dem Strich hat, lögen schon reichlich.

Verhärteter Harn des Luchses sollte er sein, natürlich eine
dumme Verwechslung. Der alte Pytheas hätte wenigstens an eine
Art wirklichen verdichteten Meerschaums oder (die Stelle bleibt
dunkel) etwas Unreinliches gedacht, das sich ausscheide, wenn das
Wasser sonst zu klarem Eis gerinne. Woraus andere poetischer einen
wahren Sonnenschaum machten, entsprechend der hergebrachten Ab=
leitung des Griechenwortes Elektron von Elektor, dem Sonnenglanz.
Aber die berühmte Phaetonsage läßt schon die armen Schwestern des
verunglückten Sonnenfahrers zu Pappeln werden, die jetzt ihrerseits
ihre Baumtränen als Bernstein ins Wasser fallen lassen. Und so
werden wir langsam zu dem übergelenkt, was auch hier Herr Plinius
für allein möglich hält.

Das alteingebürgerte Lateinwort für Bernstein, succinum, das
ist: der Saftstein, gebe die klare Spur. Er sei nämlich wirklich nichts
anderes als ein geronnener Pflanzensaft, ein ehemals flüssiges
Baumharz. Wie der Gummi aus unsern Kirschbäumen; wie das
Harz unserer Pinien; so sei auch er von pinienhaften Nadelholz=
bäumen abgetropft und dann erst erhärtet. Zwiefach der Beweis.

Einmal, weil er gerieben Piniengeruch verbreite und wie Kien abbrenne. Dann aber wegen gewisser Einschlüsse, die in seiner durchsichtigen Masse öfter noch deutlich zu erkennen seien. Ameisen, Mücken, allerlei Getier, das notwendig nur in dem noch träufel= weichen Stoff hätte einkleben können, um dann durch den erstarrten verewigt zu werden. Trotz des Scheltens auf die Griechen ein Schluß, den schon lange vorher auch sein großer Kollege Aristoteles gemacht hatte und den sein großer Nachfolger Tacitus nicht minder machen sollte. Es schien schwer, noch etwas dagegen zu sagen.

Und so blieb als letzte Frage nur noch, wie solches Baumharz in derartig großen Mengen grade in das nordische Meer gelangen könne.

Hier aber gipfelt jetzt Plinius in einem gewaltigen Bilde, das sich sofort unvergeßlich einprägt, obwohl er selbst es nur grade an= deutet. Eigentlich ausgeführt hat es erst Tacitus.

Wenn dieses Bernsteinharz seit Menschengedenken an den Ger= manenküsten antreibt, ohne ein Ende zu nehmen. Und wenn es selber ein solches natürliches Baumerzeugnis ist mit Land= und nicht Wassertieren darin. So muß wohl jenseits dieser Küsten weit draußen überm Meer ein ungeheurer Wald stehen, von dem fort und fort solcher Harzsegen in die Welle träufelt, die ihn verhärtet zu den entgegengesetzten Gestaden führt.

Es scheint, daß auch Plinius, obgleich er sich etwas unklar aus= drückt und man mit andern Stellen seines Werkes vergleichen muß, dabei an riesige Inseln als eigentliche Heimat dachte, auf die man stoßen würde, wenn man das Nordmeer selber kühn überquerte. Als Skandinavia wird eine bezeichnet. Sie zöge sich ganz ins Unbekannte, gleichsam einen andern Erdkreis hinein.

Es mußte aber auch schon ein Wald von wirklich märchenhaften Verhältnissen sein — wenn er die ganze anbrandende See so weithin seit den Tagen Homers mit seinen goldenen Harztränen erfüllen konnte, in denen seine Insekten wie in gläsernen Schiffchen fuhren. Für Plinius mochten dabei eigene germanische Walderinnerungen auftauchen: von losgerissenen Eichbäumen, die eine ganze römische Flotte bedroht hatten; oder Wurzelknäueln, unter denen ein Reiter= fähnlein durchziehen konnte. Warum nicht entsprechend riesige Harz= kiefern? Tacitus läßt die Balsam= und Weihrauchwälder des Orients sich da oben noch einmal wiederholen. Eine ältere Quelle, die Plinius anzieht, spricht von Zedernwald wie bei den Wundern des Libanon. Vielleicht war es auch ein richtiger Zauberwald, wo nach den Sagen

der Zeit noch die Hippopoden, die Menschen mit Pferdefüßen, um=
gingen oder die Langohren, die den ganzen nackten Leib in ihre
Ohren wickeln konnten.

Auch dem stolzen Römer schloß sich im übrigen dort das geogra=
phische Weltbild. Der Nebel dämmerte als letzter Schleier herab, den
man sich so gern über allem Nordischen dachte.

Und in ihm blieb auch der ungeheure Bernsteinwald zunächst un=
deutlich, schemenhaft stehen. Wir hatten nur gleichsam den Indi=
zienbeweis in ein paar glänzenden Halskettchen — damit mußten
wir uns begnügen. Und die Antike hat sich dabei begnügt. Wie der
Endprospekt des ersten Aktes aller Bernsteinweisheit ragt dieser
unerforschte Wald an den Grenzen der Welt — Wahrheit und
Dichtung.

Der Handel zu den Mittelmeerländern dauerte noch seine Zeit
bis gegen die Völkerwanderung aus. Von Theoderich dem Großen,
mit dem die Goten des Pytheas Rom selbst erobert hatten, hören wir
noch, daß Abgesandte von den Grenzen des Ozeans ihm gelben Bern=
stein brachten. Hier wird auch der Wald auf den Inseln dieses
Ozeans noch einmal erwähnt. Dann versinkt auch die Kunde vom
Nebelwald in den Nebeln der wilden Zeiten selbst.

Wir überspringen einen Zeitraum von rund tausend Jahren.

Das Bild der Kulturmenschheit hat sich dank ungeheurer Arbeit
vor allem der wieder seßhaften mitteleuropäischen Völker erneut
gefestigt.

Ein großer Teil des Lichtfeldes dieser Kultur ist grade umge=
kehrt nach dem altgermanischen Norden hinaufgewandert und be=
leuchtet jetzt auch eindringlich die Meeresküste dort.

Indem der Vorhang sich über dem zweiten Akt der Geschichte
des Bernsteins hebt, sehen wir ihn nicht mehr als ein halb sagenhaftes
Gebild in den Straßen Roms, sondern in seiner wahren Heimat selbst,
die sich eben anschickt, ein starkes Stück solcher allgemeinen Geschichte
zu werden.

Sechshundert römische Meilen sollten nach Plinius von der
Donau bei Wien bis zu dieser Heimat sein. Die Rechnung ergibt in
der Luftlinie fast genau das heutige Samland in Ostpreußen.

Das germanische Meer der Antike hat sich jetzt reinlich geschieden
in eine Nord= und Ostsee. Gegen die Ostsee grenzt in gewaltigem
Bogen Preußen. Enger durchspannen diesen Bogen noch einmal wie
schmale Sehnen die Nehrungen der beiden Haffe, zwischen sie aber

ſchiebt ſich als vorſpringender Block dieſes Samland mit zwei Steil=
kanten zur See.

Rechnet man ſein längliches Rechteck bis zur Deime, die im
Sinne der Geographen heute als eine ſog. Bifurkation (Anſchluß=
gabelung) den Pregel mit dem Kuriſchen Haff verbindet, ſo könnte
man es faſt als eine Inſel bezeichnen, die nur gerade noch von den
Nehrungen wie mit ſchwachen Armen unvollkommen gehalten wird.

Übersichtskärtchen des Samlandes 1: 600 000.
Verbreitung der bernſteinführenden „Blauen Erde" im heutigen Samland.
(Nach A. Jentzſch aus Tornquiſt.)

Anmutige Wald= und Geländelandſchaft, ein Moränenhügelzug
im Innern, dazu überall der Blick über die Kante auf das blaue
Meer laſſen den Vergleich mit Rügen ſehr wohl aufkommen, obgleich
die Ränder nicht wie dort aus der Kreide ſelbſt als dem alten Unter=
grunde weiß herausgeſchnitzt ſind, ſondern geologiſch jüngere, aber
auch noch hochintereſſante Schichten in bunter Folge erſchließen.

Die leicht gerundete äußerſte Spitze bezeichnet auch hier ein
Leuchtturm, unter dem eine Klippe ins Meer hinein die allmähliche
Zerſtörung auch dieſer letzten tapferen Wehr durch das nimmerſatte
Spiel der anbrandenden Welle im Werk zeigt. Furchtbar hat grade
in den neueren Jahren dieſe Vernichtungsarbeit wieder das ganze
ſchöne Ufer bedroht. Höchſt verdienſtlich ſucht jetzt eine „Vereinigung

Samländiſcher Küſtenſchutz" dagegen anzukämpfen und zu retten,
was noch zu retten iſt — eine der allerdringlichſten Aufgaben allge=
meiner deutſcher Heimat= und Naturhege.

Auf die Randzone dieſes Samlandes aber hat ſich, als der Vor=
hang neu aufgeht, jetzt die Gewißheit der „Bernſteinküſte" kon=
zentriert.

Wohl treibt Bernſtein auch ſonſt an deutſchen Meeresrändern an.
Aber nur hier erfolgt das ſo reichlich und regelmäßig, bildet er einen
ſo unausgeſetzten Ernteſegen, daß die Strandbewohner ihn zu einem
„Beruf" machen konnten.

Tauſend und einige Jahre nach Plinius und Tacitus finden wir
ihn an Ort und Stelle jetzt nicht als Succinum oder Elektron be=
zeichnet, auch das heimiſche Wort, das an Glas anklang, hat ſich
wieder von ihm verloren, ſondern er heißt wirklich Bernſtein — doch
in Wort und Schrift von damals, um 1200 und 1300 n. Chr., noch
mit der altdeutſchen, zugleich den Urſprung des Ausdrucks gleichſam
als eine Handlung andeutenden Lautverſchiebung als „Börnſtein".
Denn „börnen" iſt in der älteren Sprache brennen — alſo der bren=
nende oder brennbare Stein. Ganz leiſe glaubt man dabei noch
einmal die Stimme des Pytheas zu vernehmen.

Im übrigen aber wird er gewonnen, wie es wohl ſchon jener
wagemutige Ritter des Nero ſah und wie es heute noch immer gleich=
ſam in verewigter Urform zu ſehen iſt, wenn auch beſchränkt durch
noch zu erzählende Dinge.

Der leicht im bewegten Waſſer ſchwebende Stein kommt heran,
und das arme Fiſchervolk aus ſeinen Katen am Strande ſammelt ihn.
Ebbe und Flut, die der Oſtſee faſt ganz fehlen, ſpielen keine Rolle
dabei. Wohl aber immer einmal wieder ein tüchtiger Nordweſtſturm,
der die Meerestiefe mit ihrem Seetang aufgewühlt hat, und nach=
träglich abflauender Wind, der ſog. „Bernſteinwind", der auf breiter
Dünung dieſes Seegewächs (das „Bernſteinkraut") in Maſſe zur
Küſte führt. Denn mit dem Tang kommt auch der „Seeſtein". Noch
heute ſieht man dann die abgehärteten Seebären weit in die Waſſer
ſelbſt hinausſchreiten, den ſchwimmenden und immer wieder abge=
ſchwemmten Wieſen entgegen. Mit beſonderen langgeſtielten Netz=
beuteln (Keſchern) fiſchen („ſchöpfen") ſie das ſalzige Kraut, greifen
die größeren treibenden Steine gleich ſelber aus der ſandgetrübten
Welle auf, um den Reſt der Tangfracht den Frauen und Kindern
am Strande zuzuwerfen, die auf Kleinbeute weiterleſen. Oder es
wird auch (ein heute mehr verlaſſener Brauch) bei ruhiger See

der Geröllgrund künſtlich angeſtochen und der verborgene Stein vor=
übergehend zum Auftrieb gebracht. Und im Strandſande ſelber wird
natürlich ebenſo aufgeleſen, was jüngſt oder früher die unbeachtete
Woge hinterlaſſen.

So iſt es heute, ſo wird es damals geweſen ſein. Bei allem ge=
deckten Tiſch der Natur doch ein mühſeliges Werk, dem Glück der
Stunde ausgeliefert, deſſen Laune immerhin auch heute noch einen
Petri=Fiſchzug gelegentlich ermöglichen kann; ſo bei Palmnicken 1862

Gewinnung des Seebernſteins durch „Schöpfen" an der ſamländiſchen Küſte

in einer einzigen Glücksnacht 2000 kg; nach der großen Sturmflut
vom Januar 1914 in Rauſchen wenigſtens 868 kg.

An dieſen einfachen Grundbetrieb aber ſollen ſich jetzt über
mehrere Jahrhunderte fort die merkwürdigſten äußern Schickſale
knüpfen.

Was das kleine ſamländiſche Fiſchervölklein ſeinem Meer abge=
wann, das mußte auch damals erſt im weiten Kulturkreiſe richtig
gewertet werden. Auch dazu brauchte es aber nicht mehr ſo weit
wie einſt nach Mykenä oder Rom, denn auch die feine Kunſttechnik
war näher gekommen.

In Brügge und Lübeck geſtalten ſich ſeit 1300 beſondere Bern=
ſteindreherzünfte, die den herüberverkauften Stoff erneut hand=
werksmäßig verarbeiten. Der Glaube hat gewechſelt. So baut man

jetzt mit den Bernsteinperlen vor allem Rosenkränze. Paternoster, wie die Zeit vielfach sagte. Paternostermacher nannten sich jene Zünfte selbst danach.

Aber je mehr das Bedürfnis wieder wächst, desto begehrlicher richtet sich auch das Auge erstarkender politischer Mächte der Nähe auf die Samlandküste selbst. Der Deutsche Ritterorden ist dort ins Land gekommen. Man kennt seine große geschichtliche Mission. Der zwecklosen morgenländischen Kreuzzüge satt, trägt er einen engeren Kulturkreuzzug hier in die preußischen Grenzlande. Nirgendwo ist das schöner geschildert als in Gustav Freytags „Ahnen". Aber die ersten Hochmeister des Ordens sind nicht nur glaubensstarke Leute, sondern auch (vielleicht wurzelte eben hier ihre weltgeschichtliche Kraft) sehr praktisch weltliche. Die Landesmacht in der eisernen Hand, erkennen sie alsbald, was die Zwerglein da unter ihren Sam= landsklippen für heimliches Gold münzen. Was vielleicht seit Py= theas ungestörtes Privateigentum der Finder gewesen (genau wissen wir's ja auch nicht), wird also unter ein strammes Regal (Hoheits= recht) des Ordens gestellt. Den Strandleuten auferlegt, gegen einen kargsten Eigenlohn größtmögliche Mengen an den Orden abzuliefern, der jetzt alsbald selber einen mächtigen Zwischenhandel mit jenen aufblühenden Zünften ins Werk setzt. Tonne um Tonne geht wohl= verpackt und sortiert seinem Ordensmarschall in Königsberg zu und als sein Gold hinaus. Die Armen, denen jeder Versuch eigenen Nebenbetriebs fortan aufs härteste als „Schmuggel" geahndet wird, jammern, aber auf Jahrhunderte rächt sich auch an ihnen etwas von Alberichs Goldfluch — ob das Gold nun aus der Erdentiefe kommen mochte oder aus der wilden See. Noch in späten, wieder besseren Zeiten erzählte man sich bei ihnen von den gereihten Galgen am Strand. Und die Sage läßt bis heute den bösen Strandvogt in der Sturmnacht dort umgehen mit dem Ruf: „O um Gott, Bernstein frei!"

Aber so leicht, wie sich die immer übermütigeren Ritter den eigenen Handel gedacht, geht es doch auch nicht. Die Reformation kommt, und so bedeutsam sie geistig für den Orden wird, stört sie doch wirtschaftlich den Absatz der Rosenkränze. Es hilft nichts, daß man den eigentlichen Produzenten schließlich an Stelle von Geld nur noch ein bißchen Salz zahlt, auf dem die Regierung ebenso das Monopol hat. Lange Zeit hat man des Schmuggels wegen mit allen Mitteln einer den Rohstoff abnehmenden Zunft im engeren Lande selbst widerstanden. Jetzt hat sich doch eine unter polnischem Schutz in Danzig durchgesetzt, und schließlich bleibt dem Orden nichts übrig, als auch den von ihm geübten Zwischenvertrieb noch einmal gleich= sam dritter Hand an die Danziger in Gestalt einer großen Handels= familie Koehn von Jaski dort zu verpachten, dergestalt, daß diese Firma so gut wie das ganze Verkaufsrecht übernimmt, den eben zum weltlichen preußischen Herzog gewordenen Hochmeister vom Risiko des Handels selbst gegen bestimmte bare Sicherheit und jährliche Garantiezahlung entlastend.

Hundert Jahre rund führen die Jaskis jetzt das tatsächliche Monopol in der großen Handelswelt draußen, die sie für den Bern= stein kühn wieder bis in den fernen Orient erweitern. Aber als durch das peruanische Silber im späteren 16. Jahrhundert der Geld= markt etwas wie eine Inflation erlebt, wird die Sache mit der reinen Geldpacht erneut kritisch. Mit aller Macht sucht die preußische Re= gierung, die inzwischen langsam nach Brandenburg hinübergleitet, wieder von den Danzigern loszukommen, was endlich der Große Kurfürst mit baren 40 000 Reichstalern Abfindung erreicht — womit also auch der Freiverkauf jetzt wieder in seiner Hand ist.

Folgen wieder anderthalb Jahrhunderte durchweg unmittelbarer Staatsregie. Den armen Schluckern am Strande selber immer noch zu reichlichem Leid. Ein besonderes „Bernsteingericht" wird ein= gesetzt gegen den Schmuggel, jeder Fischer muß alle drei Jahre den „Strandeid" schwören, daß er selbst seine nächsten Angehörigen rück= sichtslos zur Anzeige bringen werde, die Folge der Strafen geht immer noch bis zum Tod. Man kennt die furchtbare Justiz auch der besten Staaten von damals. Sogar die Pfarrer der angrenzenden Kirchspiele müssen sich auf jenen Eid verpflichten.

Aber der Goldfluch wirkt weiter nach beiden Seiten. Je arm= seliger das Volk bezahlt wird, desto mehr wächst trotz allem der Schmuggel, was zugleich wieder die kleinen Seelen selbst verdirbt. Der Fiskus, der einen ungeheuren Kontrollapparat an Beamten nähren soll, muß sich im Eigenabsatz an die Bernsteindrehergewerke des Landes die schlechtesten Preise gefallen lassen, die zuletzt den ganzen Aufwand nicht mehr tragen. Politische Schwierigkeiten mit Kriegsbesetzung kommen hinzu. So gehen die Dinge schief und schiefer durch das ganze 18. Jahrhundert. Es ist der höchste Glanz= anstieg des preußischen Staates, der im ganzen doch auch ein Wunder von Wirtschaftsordnung ist — und schließt doch mit dem einstweiligen fast vollkommenen Bankerott des staatlichen Bernsteinmonopols.

Wir wenden abermals das Blatt und betrachten den parallelen wissenschaftlichen Verlauf in dieser Zeit.

In jenem strengen fiskalischen Bernsteingesetz war selbst harm=losen Gelehrten das Betreten des Samlandstrandes nur gegen be=sonderen Dispens gestattet. Gleichwohl ließ sich die Gelehrtenwelt auch jetzt nicht nehmen, über den Bernstein nachzudenken.

Die antike Welt hatte mit dem großen nordischen Walde abge=schlossen, von dem das geheimnisvolle Goldharz ins Meer floß. Noch immer stand auch jetzt diese Antike in höchstem Ansehen. Der Pro=fessor schrieb mit Liebe Latein, seine tiefere Bildung zu erweisen, redete von Succinum und Elektron und übersetzte wohl gar das bravdeutsche „Börnstein" in lapis ardens zurück, um es „wissenschaft=licher" zu machen. War es doch eben die Zeit, die sich für ihre erste dämmernde Erkenntnis von der „Elektrizität" auch in der Physik des Wortes Elektron noch einmal bemächtigte, wenn auch der weitere Ausbau dort mit dem Bernstein selber kaum noch etwas zu tun ge=habt hat.

Seltsam aber: wo blieb geographisch der Bernsteinwald?

Dieser Frage konnte sich auf die Dauer kein Kenner der klassi=schen Quellen entziehen.

Der Nebel hatte sich verloren. Wo blauten nun wirklich jene „Inseln", die Plinius und Tacitus im Geiste geschaut, mit ihren himmelragenden Pinien oder Zedern?

Drüben, jenseits der deutschen Bernsteinküste überm Meer, lag jetzt Schweden, keine Insel. Es glänzte ebenfalls bereits im vollen Licht der Geschichte. In unsere Jahrhunderte fallen die großen Schwedeneinbrüche nach Deutschland, fallen Lützen und Fehrbellin. Gustav Adolf und seine Nachfolger waren so wenig Sagenfiguren wie der Große Kurfürst selbst. Was aber von Königen galt, traf schließ=lich auch auf Bäume zu.

Hier aber wieder das Unanzweifelbare.

Wenn etwas nicht zu diesem Urbilde eines verwunschenen Riesen=waldes paßte, so war es die wirkliche schöne südschwedische Land=schaft. Nun man das Land sah, war es ein Unsinn, von hier die ganze Ostsee mit Harz versetzen zu wollen. Man hätte es ebenso den paar Randkiefern der Samlandküste selbst zuschreiben können. Eben=sowenig. Ein ferner italienischer Botaniker der Spätreformation, der noch besser im Aristoteles Bescheid wußte als in seiner Zeit, konnte es noch einen Moment vielleicht glauben. Aber der witzige Jesuit Athanasius Kircher spottete schon: wenn der Bernstein da drüben

auf den Bäumen wachfe, warum man ihn dann nicht abernte und
damit den ganzen preußischen Handel, der den Kurfürsten eben so
schweres Geld gekostet, tot schlüge. Er wuchs aber nicht. Es war,
als habe der ganze klassische Zauberwald sich mit aufgelöst in den
abziehenden geographischen Schwaden. Sei sozusagen in der See
versunken zwischen den beiden jetzt so wohlbekannten Ufern wie
das legendäre Vineta des Jahres Eintausend, von dem nur noch die
Glocken bisweilen aus der Tiefe heraufklangen.

Aber war die wahre Tiefe diesmal nicht bloß ein gelehrter
Irrtum?

Aus dieser Stimmung sehen wir damals, zwischen dem 15. und
18. Jahrhundert, Meinungen aufwachsen, die mit der ganzen klassi=
schen Harztheorie wieder aufräumen zu müssen glaubten. Ich lasse
auch hier das allzu Phantastische fort und greife in ein Hauptbild
zusammen.

Vom 16. Jahrhundert ab (bis auf Paracelsus und Agricola zu=
rück) blüht die Petroleumtheorie.

Der Bernstein sollte doch ein rein mineralisches Erzeugnis sein.
Ein einfaches sog. Bitumen der Gruppe Erdöl, Asphalt, Erdwachs.

Solche Stoffe bildeten sich in den Tiefen der Erde und brächen
gelegentlich vor. Das Petroleum selber sei im Grunde nichts als ein
verflüssigter Bernstein und der Stein ein verstocktes, irgendwie
wieder festgewordenes Petroleum. Die Bläschen, die ihn vielfach
trübten, seien noch richtige Steinöltröpfchen. In der schon erstarrten
Form könne ihn das Meer aus stark veröltem Gestein auswaschen,
aber es könnten auch Ölquellen selbst sich unmittelbar im Meeres=
boden auftun. Denken wir uns solchen Petroleumquell am Grunde
der Ostsee nicht fern vom Samland. Er speit seit Jahrtausenden
ölige Flüssigkeit, die als solche auf der Oberfläche schwimmt und sich
allmählich festigt gleich den berühmten Asphaltbrocken des Toten
Meers, wo die Legende Sodom und Gomorra untergehen ließ.
Völlig verhärtete Tropfen verfangen sich im Tang und treiben mit
ihm zum Strande. Wer wollte, mochte sich an den geronnenen Meer=
schaum des alten Pytheas erinnern.

Eine gewisse Schwierigkeit der Theorie blieb ja diesmal in den
tierischen Einschlüssen. Man hätte sie im Sinne der Zeit bloß für
äffende Naturspiele erklären können — wie man das damals gern
mit Muschel= oder Blattabdrücken im Gestein machte —, schließlich
konnten sich aber auch echte Mücken und Spinnen in die noch offen
aufschwimmende oder am Ufer stagnierende Ölhaut eingeklebt haben

— etwa Landtiere, die der Wind aufs Wasser getrieben. So eine Lieblingsidee jenes Jesuiten Kircher. Wenn man aber fragte, warum dabei nicht doch öfter auch Meeresgeschöpfe selbst sich verewigt hätten, z. B. fürwitzige kleine Fische, so half hier eine Schwindelindustrie, die bis heute blüht, nach. Sie praktizierte nämlich solche Fischchen künstlich zwischen zwei zerschnittene und wieder verklebte Bernstein= teile, um den Gelehrten hübsche Objekte zu schaffen. In solcher Form glaubte man lange auch Bernsteinfische in allen Sammlungen zu haben, während in Wahrheit noch nie ein echter Fisch im Bern= stein gefunden worden ist.

Jedenfalls ist die Theorie aber bestechend geblieben für eine ganze Reihe Forschergenerationen, und wir finden sie noch 1784 ver= treten durch den damals schon hochbetagten Buffon, der doch bereits an jenen Fischeinschlüssen zweifelte. Grade dieser geniale Mann sollte ihr aber eine besondere Ausdeutung geben, die wieder für sich ein Fortschrittsmoment enthielt.

Buffon hielt nämlich alle jene petrolischen und asphaltischen Erdfette selber für lebendigen, organischen Ursprungs, indem sie der Verwesung und chemischen Umbildung örtlich angesammelter tierischer und pflanzlicher Fettreste verdankt würden. Noch heute bildete sich nach ihm eine solche Fettschicht beständig neu am Boden der Meere, sie sollte aber vielfach auch schon in vergangenen geo= logischen Perioden zustande gekommen sein und dann nachträglich in den Erdölquellen der Tiefe sich auswirken. Im Prinzip eine Deutung, die schon sehr nahe an unsere heute allgemein gültige bei Engler und Pontonié herankommt. Man staunt auch hier, wie weit der große Mann in seinen Ideen war.

Wenn es sich aber so verhielt, ergab sich auch für den Bernstein eine sehr wichtige neue Beziehung. Nicht nur wurde er indirekt doch auch so wieder ein organisches Produkt, sondern er konnte auch selber aus ferner Vergangenheit stammen, konnte ein schon geolo= gisches Zeugnis der Urwelt sein.

Wieder Buffon hatte aber in seiner Zeit schon ein recht reiches Bild von solcher Urwelt. Er beschrieb die Farnwälder der Stein= kohlenzeit, dachte an alten Wechsel der Länder und Gewässer, an vergehende und neu entstehende Tier= und Pflanzenarten. Es war eine große Stunde bei ihm des Erwachens auch dieser Dinge im Men= schengeist. Und in das alles konnte der Bernstein jetzt mit ein= gehen — irgendwie.

Bis aufs äußerste folgerichtige Gedanken haben aber immer eine
Neigung, in ihrer letzten Konsequenz wieder aus sich selbst heraus=
zuführen.

Wie, wenn man nun auch hier den letzten Schluß wieder zu=
rückbog?

Wenn der Bernstein schon ein geronnenes Urweltsfett sein sollte
— warum nicht am Ende dann doch auch ein U r w e l t s h a r z ...?

Es war nur ein paar Jahre früher (1767), daß zu Königsberg
selbst, also ganz an der Quelle, ein kleines, aber äußerst inhalts=
reiches Büchlein erschien: „Versuch einer kurzen Naturgeschichte des
preußischen Bernsteins" von Friedrich Samuel Bock. Bock, nicht
umsonst an der Quelle sitzend, war ein für damals ganz ungewöhn=
lich guter Kenner der samländischen Spezialverhältnisse, der zum
Teil schon Dinge dort vorwegnahm, die hundert Jahre später erst
wirklicher wissenschaftlicher Besitz werden sollten. Für die allgemeine
Natur des Bernsteins aber vertrat er doch wieder die Harztheorie
und fühlte sich darin einig auch mit mehreren andern zeitgenössischen
deutschen und russischen Gelehrten von Ruf.

Die Geschichte mit dem Petroleumspucken der Ostsee sei doch
eigentlich rasend unwahrscheinlich. Niemals seien die schwimmenden
Ölhäute gefunden worden, und was man von angetriebenem, noch
teerartig weichem Bernstein und gar ganzen Ölgängen in den sam=
ländischen Uferbergen erzählt habe, sei für jeden Fachmann an Ort
und Stelle einfach lächerlich. Jede nicht voreingenommene Analyse
komme immer wieder auf ein Baumharz, wozu doch auch nur allein
die überwältigende Fülle typischer Waldinsekten stimme. Wenn aber
nun heute wirklich weder im Samlande selbst, noch etwa im schwe=
dischen Schonen drüben Wälder ständen, die solche Harzmassen er=
zeugen könnten, so stände doch eigentlich nichts im Wege, sich f ü r
f r ü h e r solche zu denken. Land und Wasser hätten sich doch in
historischer Zeit noch vielfach verändert (Bocks Darstellung ist hier
sehr reizvoll), geschweige denn, was in legendäre Sintfluttage ginge.
Warum sollten also nicht auch hier in der Ostsee einmal wirklich
Landteile, Inseln g e w e s e n sein mit richtigem Harzwald? Die
dann ernstlich und in Wirklichkeit untergegangen wären, wie Vineta,
bloß noch älter, wohl größtenteils bereits in grauen Atlantistagen?
Wobei die tausendjährigen Baumriesen mit all ihrem Harz und ver=
harzten Wurzelboden mit in den heutigen Seegrund gekommen
wären, wo die Flut nun gelegentlich das Harz aufwühlte, wie
anderswo alte Scherben und Holz von der See verschlungener Dörfer?

Daß gerade das Samland soviel bei jedem Sturm abbekomme, liege aber wohl daran, daß hier noch ganze Berge, mit aufeinander= gebackenen Bernsteinklumpen bedeckt, in geringer Tiefe anständen. Es gab schon ein hübsches neues Bild, was der geistvolle Königs= berger anregte. Ein wahrer Dinetawald, vielleicht noch mit ge= spenstischen Stümpfen und entblätterten Zweigen leibhaftig da unten aufragend — zu einer Art Korallenhain versteint in der stummen Welt der Tange und der Fische. Und von dem nur der Sturm ab und zu noch Goldfrüchte einer nordischen Atlantis pflückte und den Menschen zuwarf. Vielleicht stammten die alten Stämme, die ab und zu mit dem Bernstein antrieben, auch noch daher.

Schriften, wie diese und einige ähnliche (Comonossoff, Struve u. a.) haben damals innerhalb und kurz nach Ausgang des 18. Jahr= hunderts doch mit erneut bestimmender Macht die Harztheorie als solche restituiert, was dann dauern sollte. Von dem wundersamen Petroleumloch in unserer braven Ostsee ist in der Folge nicht mehr die Rede gewesen.

Wie aber, wenn man nun Buffon und Bock doch noch ein Stück weit wenigstens vereinigte? Annahm, daß der Bernstein ein f o s = s i l e s (urweltliches) Harz sei? Dann konnte man den Bockschen Untergangswald noch beliebig weit über Pytheas und Atlantis zurück= verlegen. Bis in eine der grade jetzt wieder neu auftauchenden Ur= weltfernen. Vielleicht war er noch ein Stück Steinkohlenwald selber gewesen. Oder aus der Zeit, wo die großen Saurier gewütet hatten, lange vor aller Sintflutsmythe. Aus irgendeiner solchen Epoche lag eine geologische Schicht wohl auch noch da unten im Ostseegrunde, von der die nagende Flut ebenso das versteinerte geologische Bernstein= harz loswusch, wie heute hier oben ein verstärkter Hochwasserstrudel im Gebirg gelegentlich ein urweltliches Tiergerippe aufstöbert, dessen Riesenknochen wir dann ins Museum bringen, einen Mammutstoß= zahn oder Ichthyosauruskopf.

Erste ganz verzückte Seher vor dieser neuen blendenden Fern= sicht malten sich märchenhafte Palmenwälder aus, die in Tropenhitze auf dieser Ostsee=Uratlantis noch geragt hätten, die Mücklein im Gold= fluß mußten selber heute gänzlich wieder entschwundenen Vorwelts= arten angehört haben. Wozu dann doch Besonnenere mahnten, das Harz müsse wohl auch so Kiefern= oder Fichtenharz bleiben, wenn schon zugestanden jetzt von urweltlichen Fichten. Soviel ich sehe, hat Wrede im Königsberger Archiv für Naturgeschichte 1811 zum erstenmal diesen Gedanken klar ausgesprochen.

Kein Zweifel, wenn das stimmte, daß sich hier die wirklich größte Wende der ganzen Bernsteinwissenschaft seit Plinius ankündigte. Der alte Wunderwald, in der Tiefe mystisch verflüchtigt, zu einer Petroleumquelle degradiert, begann neu aufzusteigen, doch gleichsam in eine andere Dimension projiziert, in die Zeit — in eine blaue Urweltsvergangenheit.

Wobei nur eines zunächst wieder mißlich schien.

Gewinnung des Landbernsteins aus der Blauen Erde durch Tiefbau. Hauer lösen die Schicht mit der Keilhaue, der Fördermann gibt das Gut in den Förderwagen

Die geologische Schicht, aus der unser Bernstein stammen sollte, lag als solche heute in der tiefen See. Unnahbar unserem Grabscheit, wie wir es sonst an solche Schichten setzten. Und nur eben der Bernstein selbst kam durch seine zufällige Gabe des leichten Auftriebs gelegentlich noch davon hoch.

Es war nicht einmal erweisbar, daß die Holzteile, die mit ihm antrieben, wirklich noch zu s e i n e m Walde gehört hatten, es konnte sich dabei auch um allerlei Material aus viel jüngerer Zeit handeln, das da unten ebenfalls herumsteckte.

Würde es aber jemals möglich sein, aus diesem Bernstein allein noch das Alter und die geologische Zugehörigkeit jener Schicht selbst zu bestimmen — aus der Klaue den Löwen?

Das schien doch recht unwahrscheinlich!

Es zeigte sich aber, wie sich die Dinge immer wieder in die Hände arbeiten. Gerade hier sollte ein t e d) n i s d) e r $ o r t s d) r i t t nod)=mals aus der Bernsteingewinnung selbst bedeutsam werden, dem man im Samland ganz in der Stille immer näher gekommen, der aber jetzt auch ins Licht der neuen Geologie trat.

Im genau gleichen Jahre 1811, da Wrede den „urweltlichen Bernstein" proklamierte, war jene preußische Regienot auf den Gipfel gediehen. Das staatliche Monopol, einst mit so ungeheurem Opfer zurückgekauft, hatte endgültig abgewirtschaftet.

In der Napoleonischen Zeit, die alle Finanzkräfte aufs äußerste anforderte, wird das offenbar, und man muß erneut an einen Aus=weg denken, der auch nur noch etwas Gewinn rettet — wobei sich zwei neuzeitliche Wege ergeben.

Entweder Wiederverpachtung an ein kaufmännisches Konsor=tium, dem aber auch die Strandleute diesmal in einem freien Arbeits=verhältnis unterstellt werden. Oder — eine wirklich neue Idee — Vergebung der Pacht an die Strandleute selbst, die sich durch eine ge=wisse regelmäßige eigene Abgabe gewissermaßen von dem ganzen Regal loskaufen. Beide Gedanken wurden zweifellos begünstigt durch humane Tendenzen der Zeit, uraltes Unrecht irgendwie nachträglich noch wieder gut zu machen. Man freut sich, wenn man in Tesdorpfs vortrefflicher Urkundensammlung die Gutachten damaliger preußi=scher Beamten zu der Sache liest.

Wenn der Fiskus 1811 zunächst nur den ersten Weg einschlägt, so gibt auch der den armen Fischern schon wesentliche Erleichterung. Fallen doch dabei bereits der böse Strandeid und der staatliche Sammelzwang. Die Pacht selbst gleitet allerdings rasch wieder in e i n e Hand wie einst bei den Jaskis — diesmal eine Firma Douglas.

Zweieinhalb Jahrzehnte später setzt sich aber auch noch die zweite Absicht durch: unter ungeheurem Jubel der Fischerdörfer verleiht der König ihnen das Recht der Einzelpacht an ihrem Strande. Und damit scheint (seit 1837) jetzt ein wahrer Idealzustand erreicht. Die Leutchen werden selber wohlhabend, der Schmuggel hört (als über=flüssige Selbstbeschummelung) auf, und der Staat bezieht immer=hin einen erträglichen Zins. Während zugleich an dem nunmehr freien Strande auch der so willkommene Badeverkehr aufblühen kann.

Wenn die Sache nicht auf die Dauer immer noch einen Haken gehabt hätte.

Ich habe bisher wieder äußerlich erzählt, ganz in der Stille hatte sich aber im Bernsteinerwerb selber auch innerlich etwas geändert. Zu großer Gunst, aber auch Ungunst, wie man's nahm.

Eigentlich war es eine Sache, die ebenfalls bereits seit Jahr=hunderten herankam, aber jetzt immer wichtiger, ja fast entscheidend werden sollte.

Schon in dem alten Pliniusbericht klingen Stimmen an: man könne Bernstein gelegentlich a u ch a u s d er E r d e g r a b e n.

Das wird dort auf verschiedene Orte bezogen und mag zum Teil Verwechslung sein.

Aber kaum, daß die wahre samländische Bernsteinküste geschicht=lich hell wird, als auch dieser sonderbare Gedanke sich auf sie zu ver=einigen beginnt.

Gleich zu Anfang verhandelt ein schlauer heimischer Bischof be=reits mit den Ordensleuten über das gelegentliche Recht auch an solchem gegrabenen „Börnstein". Und der nackte Tatbestand wird dann am Ort immer wieder behauptet.

Zwar das Meer gebe regelmäßig Bernstein, aber er liege gleich=sam pack= oder nesterweise auch in den Sandmauern der Steilufer selbst. Wo man dann gelegentlich planlos herumsucht und sich auch solcher Beute freut. Den alten Strandwächtern der schlimmen Zeit wird sogar schon aufgegeben, in Mußestunden auch auf so etwas zu achten.

Als in den letzten Jahren des Alten Fritz der Seebetrieb gar so schlecht geht, kommt auch schon einmal ein umsichtiger Minister im Bunde mit ein paar guten Bergfachleuten auf die Idee eines richtigen Bernsteinschachts. Er geht einige achtzig Fuß von der hohen Ufer=kante entfernt senkrecht in die Tiefe, sucht sich von der Schachtsohle mit Horizontalstrecken in die Sande hinein und durchschlägt mit einem Luft= und Förderschacht bei 30 Fuß Höhe sogar den Abhang zur See selbst. Eine Weile findet man auch eine ganze Menge Stein da drinnen, dann gibt man's aber doch mit dem neuen Jahr=hundert zunächst wieder als unlukrativ und zu umständlich auf; wie wir sehen werden, weil man mit dem Tiefenschacht noch gar nicht bis an die richtige Stelle gekommen war.

Denn bereits in den Tagen Bocks spricht sich auch darüber im stillen ein dunkles Geheimnis rund.

Es ist bis heute ein beliebter Brauch, vom Bernstein als dem „Gold des Nordens" zu reden. Noch eine hübsche neueste Schrift von Brühl (vom Institut für Meereskunde) hat das zum Titel ge=nommen. Wo aber ein Goldschatz, da auch Schatzsagen.

So hatten sich die gelegentlichen Landfunde allmählich auch zur
Sage vom ungeheuren geheimsten Bernsteinhort gefestigt. Jene
kleinen Nester ab und zu im Sande, auf die auch jener Schacht
geteuft war, seien nur gleichsam versprengte Dukaten daraus.
Aber ganz, ganz tief hinab — da liege erst die wahre, die unfaß=
bar reiche Schatzschicht selbst und enthalte unendlich viel mehr, als
alles Meer je bieten könne.

Wenn man ganz hinuntergrabe, durch die ganze Ufermauer bis
in ihren Sockel, da stoße man auf eine mysteriöse „Blaue Erde",
wie zuerst die Schatzlegende das Volkswort geprägt hat. Wie man
sonst vom blauen Flämmchen über Schätzen spricht. Schon sehr un=
bequem (wie alle Schätze der Volkssage) liege auch dieser. Schon
dicht an der Höhe des Meeresspiegels oder meist sogar unter ihm.
Da, wo das Wasser schon einwirkte. Der nasse Sand von oben über
dem Verwegenen zusammenbrach. Alle Sagenschätze stehen so unter
dämonischem Bann. Es soll den Suchern nicht zu leicht gemacht
werden.

Manchmal klang die Kunde ganz mystisch. Wie von der be=
rühmten jungfräulichen Erde, nach der die Alchimisten suchten, um
wirkliches Gold daraus zu machen. Als wachse, wie dort das Gold, so
hier der gelbe Stein unmittelbar seit Jahrtausenden aus seiner blauen
Mutterschicht.

Nun, das 19. Jahrhundert, in dem unsere Erzählung ja be=
reits steht, dachte doch auch in dem Punkte nicht mehr so legenden=
haft.

Schließlich war an den wirklichen „blauen Leim" (wie Bock sich
ausgedrückt hatte) gar nicht so absolut schwer heranzukommen. Er
schien aber tatsächlich weit mehr zu versprechen als alle Fischerei.

Nachdem der Strand also wieder in den Händen der Fischer
selbst war, fingen sie sehr allgemein an, auch die Wände ihrer=
seits zu zerstören. Auf gut Glück der Schatzschicht zu. Trugen
oberen Sand ab, buddelten mit tiefen offenen Gruben in den Grund,
das Wasser notdürftig mit improvisierten Holzverschalungen abdäm=
mend. Bis wirklich da, dort ein Endchen scheinbar einheitlich bern=
steinhaltiger Schicht angeschnitten schien, das dann planlos in Scheiben
abgebaut wurde, bis man wieder auf sterilen Grund kam.

Den Ufern selbst war das nicht eben zum Vorteil. Schon von
1790 (also noch unter der alten Staatskontrolle) wird von solchem
Raubbau berichtet, daß er unweit Kraxtepellen weithin den Steilrand
um vierzig Fuß zum Absturz gebracht habe. Was die Natur schon

genügend bedrohte, fiel jetzt auch unter die Menschenzerstörung. Von Heimatschutz wußte man damals ja noch nichts, obwohl gerade jetzt die fremden Besucher im Bann der Landschaftsschöne sich auch zu einer Einnahmequelle entwickelten.

Aber auch für die kleinen Leute selbst ergaben sich rasch wirt= schaftliche Gefahren.

Der unverhoffte Landsegen zeitigte gewisse Goldgräbererschei= nungen. Die guten alten Sitten gingen herunter, man vertrank das lotteriehafte Glück, zweideutiges Gesindel zog sich zu. Wozu kam, daß die Fischer für solchen Grubenbau, auch wenn er zunächst noch so roh war, selber Kapitalien brauchten, was sie wieder in Ab= hängigkeit von städtischen Kaufleuten brachte.

Auf die Dauer war es doch eine Notwendigkeit, daß auch der Staat wieder aufmerksam wurde. Wenn die große Schatzschicht wirklich bestand, so lag hier ja auch eine unberechenbare neue Staats= einnahmequelle bei systematischem Abbau.

Andererseits stand fest, daß der Kleinleutebetrieb solchem wich= tigen Großabbau nicht gewachsen war.

In der guten alten Zeit waren unterirdische Schätze ein Be= schwörungsobjekt. Die neue berief dazu den staatlich geprüften Berg= mann. Gewichtige Stimmen wurden also laut, man solle doch den Strandleuten wenigstens dieses Grabrecht wieder fortnehmen und in echte Bergmannshand geben. Man schwankte noch, als sich ein starkes, schon anderweits bewährtes Unternehmergenie auch dazu meldete. Es war 1867. Die Verträge der Fischergemeinden liefen grade zu diesem Termin ab. Offenbar war, daß sich wieder eine neue Krisis der ganzen praktischen Bernsteinarbeit ankündigte.

Es lag aber auch wieder in der Wende der Zeiten, daß jetzt kein großer bergtechnischer Entschluß möglich schien, ohne daß man auch den Geologen dabei befragte. Einst hatte man den Gelehrten als schmuggelverdächtig vom Strande verbannt. Jetzt mußte an ihn die erste Frage ergehen, was es mit dem geheimnisvollen Bernstein= lager am Lande für eine Bewandtnis und Aussicht haben könne. Damit aber war der neue Einschlag gegeben für die wissenschaftliche Bernsteinfrage wieder selbst. Was bedeutete dieser unvorher= gesehene samländische Landbernstein für die Theorie?

Eine erste skeptische Deutung lag für den Forscher ja sehr nahe. Seit Jahrtausenden warf die See hier ihr Meergold aus. Vermut= lich lange unbeachtet und noch viel länger bereits vor aller möglichen

Menschenachtung. So mochte immer einmal wieder Bernstein auch in den Ufersand geraten sein, der dann seine Düne darauf türmte. Und so mochten endlich ganze Lager da drinnen geworden sein, viel= leicht ab und zu auch als Erzeugnis besonderer großer Sturmfluten. Haben wir doch noch nach dem Sturm von 1914 geradezu kleine Strandwälle von Bernstein erlebt.

Nun, für vereinzelte Bernsteinnester mochte das gelten. Aber die be= hauptete große Tiefe (stellenweise viele Meter unterm Meeresniveau), wie die ebenso behauptete märchenhafte Dimension des Schatzes, ausgespart auf eine einzige Tiefenschicht konzentriert, widersprachen. Auch sind die wahren bunten Hänge, mit denen das Samlandplateau nach Nord wie nach West steil abbricht, als Ganzes, wie schon der einfachste Blick zeigen muß, keine Dünen, sondern Anschnitte des Festlandes selbst. Grade darin steckte aber der Schatz.

Unzweifelhaft: man stand wieder vor einem sehr viel grund= legenderen Phänomen, das die ganze Theorie noch einmal neu an= forderte. Zwei Möglichkeiten ergaben sich.

Reichte der alte, mit Bernstein noch gespickte Meeresboden hier unter dem ganzen Ufer doch noch fort bis ins Land hinein? Dann konnte die geheimnisvolle „Blaue Erde" noch ein Ausläufer der geo= logischen Schicht selbst sein, in der das eigentliche Rätsel auch des Bernsteinwaldes sich barg.

Es gab aber noch einen Gedanken, der bereits in dem alten Büchlein von Bock anklingt. Wenn nun umgekehrt der ganze heutige Seebernstein auch nur von diesem Landschatz stammte? Es brauchte dazu nur umgekehrt die Schatzschicht vom Lande selbst her noch ein Stückchen unter See auszulaufen und bei zunehmender Tiefe auch unter Wasser zutage zu treten. Dann mußten die Sturm= wellen sie auslaugen und ab und zu Teile aus ihrem Nibelungen= hort oben an den Strand zurückwerfen.

In dieser Falle drehte sich die Situation aber noch anders und noch viel günstiger. Hier in der Tiefe des Landes die Blauerde mit ihrem Bernstein war die wahre geologische Schicht, die wir suchten, selbst. Hier im Samland hatte der Bernsteinwald seinerzeit ge= grünt. Er brauchte nie im Meer versunken zu sein. Nur sein alter Waldboden, gespickt bis heute mit seinem jahrtausendelang gehäuften Harzgold, war allmählich im Laufe geologischer Zeiten unter andere Schichten tief hinuntergeraten. Bergtief unter all das nachmals Aufgeschüttete am gleichen Fleck. Spätere Sande und neue Wald= böden vermutlich, wie schon in historischer Zeit so manches Marmor=

paviment unter jüngeren Schutt. Grade so aber erhalten für den, der es heute wieder ausgrübe mit jungem Blick ...

Wunderbar, wie sich so naturgeschichtlich wie technisch das Problem zu vereinfachen schien. Was die guten Strandleute vermeint= lich aus der See geerntet, war in Wahrheit immer nur abgebröckelter Landschatz gewesen. Auf diesen Land= schatz aber konzentrierte sich des wei= teren sowohl die technische als auch die ganze entscheidende geologische Aufgabe.

Was war in der Erdgeschichte diese „Blaue Erde"? Aus wes Sipp= schaft und Zeit? Und war es doch in ihrem blauen Geisterlicht, daß der Bernsteinwald für uns noch erwachsen sollte?

Da lag die schöne hohe Uferwand des Samlandes, wie sie sich so Unzähligen im= mer wieder unver= geßlich eingeprägt.

Dem Geologen, der zuerst von der wunderbaren Blau= erde in ihr vernahm, mußte dabei ein an sich ganz ähnlicher Gedanke kommen, wie dem abwägenden neuen Techniker grö= ßeren Stils.

Wenn wir das alles noch einmal abtragen könnten weit ins Land

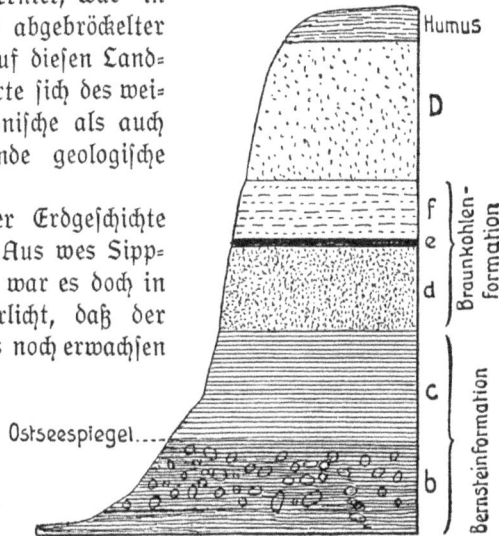

Ungefähres Umrißbild zur Veranschaulichung der Aufein= anderlagerung der vollständigen Schichten an der samlän= dischen Steilküste. Oben (D) liegen Aufschüttungen der Diluvialzeit, gekrönt von modernem Humusboden. Dar= unter, bei d, e, f, folgen Ablagerungen der voraufgegangenen Tertiärzeit, und zwar zunächst eines etwas jüngeren Abschnitts dort (sog. Braunkohlenformation, vermutlich Mio= zän). Zwischen den gestreiften u. a. Sanden (d, f) soll der schwarze Strich e ein Braunkohlenflöz andeuten, das auch hier als Zeugnis ehemaligen tertiären Waldbodens noch eingeschal= tet ist. Noch tiefer (bei b und c) lagern dann Schichten eines nochmals älteren Abschnittes dieser Tertiärzeit, die einen ehemaligen Meeresniederschlag mit Resten von Meertieren darstellen und zum sog. Oligozän innerhalb dieser Tertiär= zeit gerechnet werden. Erst mit ihnen berührt man im engeren die eigentliche Bernsteinformation, deren entschei= dende Schatzschicht bei b die sog. Blaue Erde bildet. Wie man sieht, liegt diese mit Bernstein regelrecht gespickte Blaue Erde bereits wieder an oder unter dem Spiegel der die Steilküste bespülenden heutigen Ostsee, so daß unter Wasser austretende Teile erneut vom Meer selbst ange= griffen werden und Bernsteinstücke daraus verschwemmt werden können. (Nach Runge)

hinein — bis auf den Schatz selber hinunter im tiefen Sockel —, Lage um Lage, Schicht um Schicht, gleichsam wie Butterbrote noch einmal all das nachmals Daraufgeschüttete — bis endlich die Blau= erde wieder als ursprünglicher Horizont neu herauskäme, auf dem

man leibhaftig wieder wandeln könnte. So hat Schliemann in un=
fern Tagen die neun Städte auf dem Wunderhügel von Troja wieder
abgebaut. Ob sich uns dann nicht die ganze Situation wirklich wieder
geisterhaft aufhellte von der Gegenwart bis auf den uralten Bern=
steinwald? Es wäre das höchste technische Ziel für den ganz ratio=
nellen Schatzgräber, aber zugleich auch das äußerste wissenschaftliche.
Wenn es nicht ganz mit dem Spaten ging, so doch vielleicht einst=
weilen in der Idee ...

Ich fasse nochmals auf den Gipfel zusammen, was in seinen be=
scheidenen Anfängen bis gegen 1811 zurückreicht, um genau wieder
mit jenem Datum von 1867 auch seine erste Höhe zu erreichen.

Nur wenige Landschaften unserer deutschen Vatererde sind
mit solcher Liebe und Aufopferung durch lokalpatriotische Arbeit
im edelsten und vorbildlichen Sinne auch wissenschaftlich erschlossen
worden. Schon seit Anfang der 60er Jahre hatte die hochverdiente
Königsberger Physikalisch=Ökonomische Gesellschaft es sich zur Aufgabe
gestellt, eine umfassende geologische Aufnahme der Samlandküste im
modernen Sinne durchzuführen. Das für unsern Zweck hier ent=
scheidende Ergebnis erschien in jenem Jahr von E. G. Zaddach in
den Schriften der Gesellschaft selbst. Ein noch heute grundlegendes
Meisterwerk, neben seiner wissenschaftlichen Gediegenheit lesenswert
auch wegen der überall eingestreuten reizenden Landschaftsschilde=
rung. In monumentalen wahren „Generalstabszügen" gestaltete sich
darin zum erstenmal die gesamte Geschichte des ungeheuren Natur=
feldzuges, der auch über diesen wunderbaren Fleck deutscher Heimat
bauend und begrabend, säend, türmend und zerstörend dahin=
gezogen.

Die Geschichte von mindestens sechs Millionen Jahren der Erd=
entwicklung, wenn wir kurz rechnen.

Im gedrängten Umriß (nur mit ein paar späteren Ergänzungen)
aber folgendes.

Unsere Steilküste ist, um es noch einmal zu sagen, abgesehen
von kleinen jungen und vergänglichen Sandanwürfen, keine Düne,
sondern ein Schnitt Land. Wobei die Schichtungen dieses Landes
bis zu einer gewissen Vertikalgrenze einseitig entblößt werden wie
die Wand eines Steinbruchs oder einer Sandgrube. Die höchste Er=
hebung der Kante beträgt etwas über 60 m, von wo sie sich beider=
seitig senkt.

Auch wer nur mit dem Blick des feineren Landschaftsgenießers
entlang geht, muß aber mancherlei Wechsel dieser Schichtung er=

kennen. Feſtere, ſteinhafter verkittete und ſandig loſere Teile in verſchiedenen Farben. Im ganzen ja das Bild einer gewaltſamen Zerſtörung, eines Riſſes, den Natur und Menſchen beſtändig weiter treiben. Ein Stück entblößten mineraliſchen Eingeweides, im klei= neren vergleichbar jenen bunten Rieſenbildern amerikaniſcher Cañons, mit romantiſchen Schluchten, losgeriſſenen Pfeilern und Steilſtürzen. Im einzelnen darin doch neben auch innerlich wüſterer Aufſchüttung vielfach ſehr ſchön noch horizontal aufeinander= geordnete Lagen oder Böden wie von ganz ruhiger älteſter Bil= dung. Die dann allerdings wieder ſelber wie von andern ſtellenweiſe überdeckt, durchbrochen, nachträglich zerſtört erſcheinen. Und ſo hinab bis zum heutigen wechſelnden Wellenſtrande, wo man noch Fortſetzung in unſichtbare Tiefe ahnt, in deren Beginn oder noch weiter unten erſt das Geheimnis der „Blauen Erde".

Auf ſolche Profile wechſelnder Schichten hatte aber rund ſeit dem Jahrhundertanfang die Geologie jetzt weſentlich ihre Erdperioden gebaut, wie ſie ſich in unendlichen Zeiträumen gefolgt ſein müſſen. Alſo Steinkohlenperiode, Juraperiode, Kreideperiode, um nur ein paar von unten nach oben zu nennen. Im Prinzip müßten alle dieſe Schichten wirklich noch wie die Butterbrote aufeinanderliegen, wenn man die ganze Erdrinde durchſchnitten dächte, was aber natür= lich nur ideal iſt. Im kleinen hat aber jedes Profil, auch unſeres hier, etwas von ſolchem Erddurchſchnitt.

Fragt ſich bloß, wie tief es an unſern Wänden hier gehe.

Da iſt denn ein Anhalt zunächſt nach unten, daß auch unſer ganzes Samland untergriffen wird von Schichten der Kreideperiode. Richtig ſichtbar anſtehen tut dieſe Kreidelage allerdings nirgendwo, auch hier im ganzen angeſchnittenen Profil nicht. Aber man weiß von ihr durch Bohrungen, daß ſie den Grund bildet. Alles darauf Stehende, alſo auch das ganze Profil bis weit noch in ſeinen Sockel hinein, muß jünger als dieſe Kreide ſein. Das ſchließt aber Jura= periode, Steinkohlenperiode und ſo weiter zurück bereits aus. An= dererſeits bleiben für unſern Steilhang, wenn er einen Oberbau noch über der Kreide bildet, nur noch zwei Perioden des geologi= ſchen Schemas bis zur Gegenwart übrig. Nämlich von oben nach unten ſog. Diluvium und ſog. Tertiär.

Der Name Diluvium knüpft an die Flutſagen der Völker an. Das Tertiär (oder die Tertiärperiode) wurde eben um jenes Jahr 1811 noch als beſonderes Zwiſchenſtück eingefügt, wobei es eigent= lich einen Rubriktitel als drittes Hauptweltalter erhielt, obwohl es auch nur eine einzige, gegen die früheren sogar verhältnismäßig kurze Erdperiode umfaßt.

Ablagerungen dieser beiden Zeiten sind in unserem Profil noch möglich, und sie sind denn auch beide noch vorhanden.

Dem geübten Auge des Geologen erscheinen in gewissen Lagen, besonders jenen sehr unregelmäßigen, Anschüttungen des Diluviums. Dieses Diluvium (oder die Diluvialperiode) ist uns noch sehr nahe, es lebten bereits Menschen in ihm. Aber zu großen Teilen war es auch hier oben eine reichlich gewaltsame Zeit. Wir wissen das heute besser, als es damals Zaddach selbst noch kennen konnte. Die enorme Gletscherdecke der Eiszeit zog sich in ihr auch über unser Samland. Sie ging ja damals von Schweden bis vors Riesengebirge. Wo sie aber ging, da hinterließ sie den rohen Geschiebelehm ihrer Grundmoräne, mit losen Blöcken gespickt, neben mehr geschichteten Sanden und Kiesen ihrer Schmelzwasser. Und so auch hier. Oft sind die Hinterlassenschaften noch durch den Eisdruck selber ver= bogen oder die herausgewaschenen Blöcke liegen lose am Strand. Meist deckt sich dieses Diluvialmaterial noch richtig obenauf im Profil unter dem modernen Humus, anderswo geht es aber auch tief in Lücken der unteren Lagen hinein. Man hat den Eindruck, daß diese wilde Eisschieberei wirklich auch dieses Ältere noch nachträglich ange= brochen, ausgeschliffen, teilweise mitgeschleppt und ihren eigenen Schutt in die Defekte gehäuft hat. Fast wunderbar scheint es, daß noch etwas davon übrig geblieben, und an wie manchen andern Orten mag es so ganz vergangen sein.

Sicher war diese Eiszeit selbst aber keine wahrscheinliche Situa= tion für unsern Bernsteinwald. Erste Forscher glaubten ja noch etwas derart, weil Bernstein ab und zu auch in diesem diluvialen Schutt vorkam. Wir denken ihn uns aber mit Recht erst durch solche nachträgliche Umkrempelung zweiter Hand hinein gelangt. Tatsäch= lich hat ja auch ihn das Eis gelegentlich bis über ganz Norddeutschland so verschleppt gleich Kreidebrocken und dem noch viel weiter her= geholten Schwedengranit. Ist doch noch aus der Oder bei Breslau vor Jahren ein solcher einzelner goldener Irrgast geborgen worden von allein drei Kilo Gewicht. Zu unserem eigentlichen Bilde, das wir suchen, fügt sich hier aber wohl noch nichts.

Interessanter doch werden die Schichten darunter, so weit sie die Mißhandlung noch hat stehen lassen. Es ist gesagt, daß sie selber durchweg noch innerlich recht hübsch horizontal anstehen, wie sie sich offenbar hier schon lange vorher friedlich abgesetzt hatten, ehe die

wilde Eiskatastrophe oben über sie ging. Und nun ist wieder kein
Zweifel, daß in ihnen noch dauert, was eben dem Schema nach hier
allein dauern kann: Tertiär.

Das Schicksal hat es doch noch glimpflich gemacht.

Bei fortschreitender Wanderung unter der Kante und in ihren
Schluchten gewahrt man, daß auch dieses Tertiär vielfach noch eine
lange Reihe Meter hoch sich dem freien Blick im Profil darbietet,

Blick auf die offen liegenden Schichten der Braunkohlenformation (vgl. das Profil S. 31)
in der samländischen Küste an der sog. Kadollingschlucht bei Rauschen, aufgenommen nach der
Natur im Oktober 1903. Unten Sande mit dünnen Letten-Einlagen, darüber ein Braunkohlenflöz, darauf Letten und noch höher Glimmer- und Kohlensande. (Nach Schellwiens
schönen „Geologischen Bildern von der samländischen Küste")

offen heute auch, aber nicht abrasiert, mit seinen eigenen Farben und
Schichtwechseln.

Der Geologe aber erinnert sich hier, daß in seinem Schema auch
diese Tertiärzeit, obwohl sie keine der größeren der Erdgeschichte
gewesen ist, noch wieder in mehrere Unterabteilungen zerfällt, auf
die sich je nachdem ihre Restlagen in solchem Erddurchschnitt verteilen
könnten. Der alte Lyell hat auch ihnen seinerzeit die ersten Namen
gegeben, die alle um das Wort kainos (neu) mit etwas Mehrneu oder
Wenigerneu pendeln, heute aber nur noch Zählmarken sind. Vier
rechnet man meist von unten ab: Eozän, Oligozän, Miozän und
Pliozän.

Im ganzen wissen wir auch vom Bilde dieser Tertiärzeit noch mancherlei Einzelheiten. Besonders von jenen mittleren und letzten Abschnitten, während der älteste schon etwas mythisch wird. Es war nicht mehr die Zeit der kolossalen Saurier. Dafür blühten ungeheure Paradiese der verschiedensten Säugetiere. Noch bis gegen die Mitte war es bei uns in Europa auffällig warm. Enorme Wälder dehnten sich, die uns nicht mehr Steinkohle, aber Braunkohle hinterlassen haben. Vielleicht ist der Mensch zuerst in ihnen entstanden. Land und Meer wechselten noch vielfach gegen heute, unsere höchsten Ge= birge haben sich erst damals vollendet.

Ganz gewiß also diesmal schon mehr „Bernsteinwaldstaffage", wozu stimmen will, daß ja auch unzweifelhaft in diesem tertiären Teil des Profils die Schatzschicht gesucht werden muß.

Gleich Zaddach sah aber auch schon, daß dieser Profilteil noch ein= mal in sich gesondert sei, als lägen wirklich Lagen aus z w e i e n jener Unterabschnitte aufeinander — allerdings nicht sehr scharf getrennt, wie wenn auch sie sehr friedlich aufeinander gefolgt wären. Aber es waren doch zwei. Eine j ü n g e r e und eine noch ein Teil ä l t e r e. Mit großem Scharfblick faßte Zaddach sogleich die Stelle des Schnitts.

Die obere läuft für sich durch einen reichen Wechsel weißer und brauner Sande und Tone. Und richtig hier befindet sich, meist deut= lich noch markiert, als Einlage zwischen den Tonletten auch noch eines jener charakteristischen Braunkohlenlager selbst, das auf solchen ter= tiären Waldmoorboden auch in unserem Samland von damals deuten muß. Bleiben wir bei dem drastischen Butterbrotbilde, so liegt es darin wie eine Einlage von ein paar Scheiben Pumpernickel. Das sandige Flöz (oder die Flöze) an sich nicht stark, — immerhin so, daß man das Material bei den Fischern gelegentlich im Ofen gebrannt hat und einmal sogar die Idee entstehen konnte, das Ganze sei selber technisch abbauenswert.

Gar keine Frage, daß man hier sogar noch sehr deutlich auf einen urweltlichen Wald am Fleck sieht. Man faßt noch seine Baumstämme, Zweige, im schwärzlichen Abdruck der Letten bei Rauschen besonders schön auch seine Blätter. Heer, der alte treffliche Schweizer Bota= niker, hat sie zuerst bestimmt. Neben Pappeln und Erlen Sequoien und Taxodien, was wenigstens für das heutige Europa seltsam genug anmutet. Die Sequoien sind jene ungeheuren Mammutbäume, von denen ein kleiner überlebender Rest in der kalifornischen Sierra Nevada Domturmhöhe erreicht. Bei den jetzt virginischen und mexi= kanischen Taxodien (Sumpfzypressen) kommen heute Stammdurch=

meſſer von 12 m und Altersgrenzen von über 3000 Jahren vor.
Alſo ein impoſantes Bild, nicht zu leugnen.

Sicher wohl herrſchte auch hier noch ein wärmeres Klima, heer
meint, vielleicht mit 16° mittlerer Jahrestemperatur. Man kann
ſich ſogar noch ein engeres Anſchauungsbild der Lage machen. Offen=
bar erſtreckte ſich ein Feſtland bis hierher, aber wohl von Norden,
über das Gebiet der heutigen Oſtſee, kommend. Land und Meer
lagen ja, wie geſagt, damals noch vielfach anders. Immer in dieſer
Tertiärzeit iſt aber eine gewiſſe Tendenz der Karte geweſen, Land
von Skandinavien herüberzuſchieben, während Meer durch Europa
von Süden kam. Grade hier, wo der Braunkohlenmoder ſich ab=
lagerte, mag dieſes Land ſich gegen Sümpfe oder auch ein ausgeſüßtes
Haff geöffnet haben, in das ein Fluß von Norden ging. Seltſam,
wieviel der Naturforſcher noch aus ſolchen paar braunen Streifchen
abzuleſen vermag, an denen der Touriſt gleichgültig vorbeigeht.

Die Zeit aber mag etwa ſog. Miozän (aus jener Lyellſchen
Namengebung) geweſen ſein, was ungefähr dem mittelſten Unter=
abſchnitt des Tertiärs dort entſpricht. Wenigſtens ſetzt man dahin
ſehr allgemein die Bildung der meiſten Braunkohlenlager durch
ihren Wald. Vier Millionen Jahre mögen immerhin uns noch davon
trennen. Die Periode aber mag ſelbſt ihre gute Zeit gedauert haben.
Und immer wohl rauſchte auch in ihr dieſer Wald. Reichlich ſeltſame
Tierwelt mag ihn auch noch bevölkert haben. Es waren die Tage,
wo heutige afrikaniſche und indiſche Großtiere noch mit Liebe auch
durch Deutſchland ſchweiften. Will man das Paradies ganz erfüllt
denken, ſo mag man auch hier den Vormenſchen neben Gorillas und
Elefanten unter den himmelhohen Sequoien ſpazieren laſſen.

Ja, unwillkürlich ſenkt man das Buch. War das der Bernſtein=
wald ſelbſt? Wieder etwas Dämoniſches: in dieſem dunklen Strich=
muſter einer Terraſſenwand unſeres Profils. Hätten wir ihn?

Leider iſt es nochmals eine Täuſchung. Zum Paradies fehlt nach
dieſer Seite die myſtiſche Erde.

Wäre es der Bernſteinwald geweſen, ſo müßte auch der große
Schatz ſelber hier liegen. Wohl finden ſich in den eng zugehörigen
Glimmerſanden, die man wegen ihres weißen und braunen Farben=
wechſels die „geſtreiften Sande“ zu nennen pflegt, einzelne Bernſtein=
neſter. Sie bildeten die kleinen Schatzabſprengſel, auf die einſt der
Schacht der Altenfritzzeit ſtieß und die heute noch nicht verachtet
werden. Aber die „Blaue Erde“ iſt das nicht. Sie ſteckt erſt ganz
unten am Ende der Schichten überhaupt, in den Aufſchüttungen

eines zweiten, früheren Tertiärabschnitts. Als jener miozäne Ur=
wald seine ersten Wurzeln schlug, lagen diese älteren Schichten bereits
längst tief unter ihm. Und in ihnen tief verborgen schon der Schatz.
Auch das ergibt sich durchaus deutlich noch aus der heutigen Situa=
tion. Sehr wohl möglich, daß auch diese kleinen miozänen Nester erst
nachträglich von dort unten wieder heraufgewühlt sind, wenn auch
nicht so gewaltsam wie später das Diluvialeis verfuhr. Vielleicht
friedlich durch einen Fluß, der das schon bestehende Geheimnis der
Tiefe anschnitt und daran zum goldführenden Paktolos wurde. Von
Gold, das doch nicht in seinem eigenen Walde gewachsen war.

Wieder umfaßt unser Blick den Steilhang mit seinen deutlich
markierten Butterbroten an einer besonders vollständigen Stelle,
wie der Sprachkundige die Keilschriftzeilen einer uralten Kultur=
urkunde zu lesen versucht: etwa an dem oft abgebildeten, leider jetzt
auch zerfallenden Zipfelberge bei Großkuhren. Der Zipfel bot lange
noch den diluvialen Geschiebelehm, dann die miozänen Sande mit den
Flözen in schönster Anschaulichkeit. Darunter aber zeigt sich als
lange Sand= und Sandsteinmauer erst jenes ältere Tertiär, das
Zaddach bereits so ausdrücklich von dem miozänen schied. Es ver=
liert sich selber im Boden, in dem hier beim Zipfelberge, 1—2 m
unterm Meeresspiegel, auch die Schatzschicht liegt. Immer also noch
ein weiter Spielraum mindestens auf ebenso lange Zeit zurück.

Der Geologe muß mit mancherlei Wiederkehr rechnen: wie der
immer wieder am gleichen Fleck gehäuften Schichten, so auch ähn=
licher Staffagen, nur viele Jahrtausende früher. Auf diese alt=
tertiären Butterbrote pflanzte sich, wie gesagt, schon der miozäne
Wald. Warum soll es nicht einen zweiten, älteren Wald auch schon
einmal bei diesen selbst gegeben haben, dessen Spur in dieser unteren
Mauer, wie jenes in der oberen, steckte und der dann der richtige
war? Der eine ganze Weile (geologische Weile) bereits früher ge=
grünt hatte und auf dessen Fleck und Hinterlassenschaft sich erst der
andere aufbaute.

Es handelt sich, wie gesagt, immer noch um eine starke Folge
Tertiär auch hier — mit reicher eigener Gliederung. In stärkster
Spannung werden wir aber jetzt dem Geologen folgen, was er weiter
herausliest. Geht es doch wie im Kinderspiel, wenn es heißt: es
„brennt". Wir nähern uns unzweideutig dem Schatzniveau selbst,
in Schliemanns Sprache dem „goldenen Horizont". Und diese Nähe
macht sich auch darin geltend, daß wir für die jetzt folgenden Schichten
der gelehrten Namen entbehren können. Auch den alten und neuen

Schatzgräbern „brannte" es hier, und so gaben sie den letzten noch zu durchdringenden Decken bereits ihrerseits gute deutsche Bezeich= nungen.

Es war aber auch schon der geniale Blick Zaddachs, der in all diesen unteren Schichten etwas mineralisch Gemeinsames sah, das sich äußerlich in gewisser Färbung ausprägte. Nämlich eine immer zunehmende Beimischung in diesen untern Sanden und Tonen von

Der heute zu großen Teilen zerstörte sog. 3ipfelberg bei Großkuhren an der samländischen Steilküste nach einer Aufnahme von Gottheil u. Sohn in Königsberg von 1880. Der damals noch erhaltene eigentliche 3ipfel bestand aus Geschiebemergel der Diluvialzeit. Darunter sind die Sande der Braunkohlenformation mit ihren Flözeinlagen, sowie tiefer die oberen Lagen der Oligozänzeit (vgl. das Profil S. 31) angeschnitten, von letzteren bildet der sogenannte „Krant" den als Fels vortretenden festen Sockel, unter dem erst in der unsichtbaren Tiefe die Blaue Erde zu denken ist

winzigsten Körnchen einer ziemlich ausgesprochen grünen oder grün= blauen Substanz. Nach der griechischen Bezeichnung glaucos für grün nennt man sie mineralisch Glaukonit.

Wo das Grün sich ungestört durchsetzt, erzeugt es gradezu grüne Sande und Erden, und so finden wir auch im untern Profil zunächst eine Decklage Quarzsand danach allgemein als den „grünen Sand" oder die „grüne Mauer" bezeichnet. Wo dieser Sand dagegen in seinen unteren Lagen nachträglich durch Eisenoxydhydrat mehr oder minder zu einem festen Sandstein verkittet erscheint, hat das Volk dafür das Wort „Krant" eingeführt. An jenem Zipfelberge bildet dieser Krant den geradezu felsig vortretenden Fuß. Bereits un= mittelbar über dem Schatzgeheimnis folgt dann in der Sprache der Leute noch der „Triebsand". Geologisch nicht sehr scharf gesondert, schafft er seit alters das Kreuz aller Schatzsucher, da er als wahrer Schwimmsand die eindringenden Wasser staut und bei jeder Gelegen= heit den darunter schürfenden fürwitzigen menschlichen Maulwürfen von oben auf den Kopf stürzt. Auch durch ihn hindurch aber — und wir stehen vor dem Allerheiligsten der Sage. Dem relativ kurzen Stück Schicht, dem schließlich doch auch aller geologische Eifer hier im Herzen gegolten hat. Darunter zählt das Volk nur noch eine „Wilde Erde", mit der man aber schon im unfruchtbaren Boden gleichsam der Schatzkiste arbeitet.

Ohne Mystik jetzt rein geologisch angesehen, ist auch die viel= besagte „Blaue Erde" oder „Steinerde", wenn man endlich vor ihr ist, im Prinzip nur eine Schicht wie die andern. Bloß unbequem durch die Lage, daß sich das Profil hier durchweg schon in den unsichtbaren Grund zieht.

Als Schicht auch sie ein hier sehr feiner ton= und glimmerreicher Glaukonitsand.

Die Farbe enttäuscht, wie so oft Märchenworte. Zaddach be= zeichnet sie trocken als grünlichgrau, im nassen Zustande als schwarz. Blau wie den meisten Strandbewohnern sei sie ihm wenigstens im normalen Stande nie erschienen. Bei Sammlungshandstücken gehört etwas guter Wille dazu, einen ganz leichten blaugrünlichen Schimmer wahrzunehmen.

Daß die Schicht bei ihrer tiefen Lage zum Meeresspiegel im oben angedeuteten Sinne mehrfach auch unter See ausstreicht, kann kaum zweifelhaft sein. Jedenfalls aber bildet sie sowohl an der Nord= wie der Westküste des Samlandblocks auf eine beträchtliche Strecke die Unterlage des ganzen Landprofils, indem sie zugleich noch mehr oder minder weit auch in dieses Land sich hineinerstrecken mag.

Das alles ist zunächst noch nicht besonders aufregend. Aber das Wunder beginnt, wenn man sie nun wirklich bei ihrem zweiten Heim= namen als „Steinerde" faßt — sich vergegenwärtigt, daß, nicht überall natürlich gleich stark, aber doch im ganzen in unfaßbarem Masseneinschlag in dieser gesamten Schicht Bernstein und immer wieder Bernstein eingebettet ist — mit einer Konsequenz und Fülle, die von einem tatsächlichen Bernsteinlager, einer geologischen Bern= steinschicht selber reden lassen. Vereinzelter Bernstein kommt ja auch

im Krant und felbft noch in der Wilden Erde vor, aber doch nur, wie
Zaddach fich ausdrückt, als Vorboten und Nachzügler der Haupt=
fchicht. Die Größe der Einzelftücke fchwankt von kleinftem Grus bis
zu kilogrammfchweren Scherben; der größte bisher gefundene wog
faft fieben Kilo, während ein einzelner Kilofund immer wieder in
der Jahresbeute zu fein pflegt. Von der im ganzen enthaltenen
Maffe fich ein Bild zu machen, erlahmt die kühnfte Phantafie. Goep=
pert teilt eine ältere Rechnung mit, bei der die Blaue Erde auf zehn
Meilen Länge bei nur zwei Meilen Breite mit einer Fläche von
20 Quadratmeilen angefetzt wird. Schätzt man nun bloß ein zwölftel
Pfund Bernftein auf den Kubikfuß darin, fo ergäbe fich bereits die
ungeheuerliche Ziffer von rund 96 Millionen Zentnern Bernftein
in der ganzen Schatzfchicht. Solche Zahlen brauchen natürlich nicht
genau zu fein, mögen aber doch eine entfernte Anfchauung geben.
Weder machen fie Ausficht, daß unfere Technik abfehbar diefen Hort
erfchöpfen könne, noch laffen fie als möglich erfcheinen, daß es fich
naturgefchichtlich bei diefer Maffenhäufung bloß um einen Zufall
handle. Wenn irgendwo, fo fcheinen wir hier dem unmittelbaren
Urfprung des Bernfteins nahe. Und im Sinne jenes Gedankens:
könnte es wirklich jetzt der e ch t e alte Waldboden des Bernfteinforftes
mit feiner Harzeinlage fein?

Auch die Geologie hat aber ihren Objektteufel.

So deutlich in Wahrheit oben der miozäne Waldfumpf fich ver=
riet, fo wenig wollen fich hier Spuren eines folchen zeigen. Fehlte
oben zum Walde der Schatz, fo hier zum Schatze der Wald.

Keine Andeutung diesmal braunkohlenhaften Pflanzenmoders
oder von Blattabdrücken. Dafür macht fich in der ganzen Blaufchicht
und ihren Anfchlußfanden aber etwas durchaus anderes geltend.
Diefe glaukonitifchen Sande machen grundfätzlich viel eher den Ein=
druck eines M e e r e s n i e d e r f c h l a g s. Der Bernftein felbft liegt
wie in einem Haupthorizont fchon damals eingefchwemmt. Die Stücke
durchweg leicht gerundet — wie gerollt. Vollends beweifend aber
wirken gewiffe Tierüberbleibfel neben und über ihm. So gewiß in
dem Harz felbft nur Landinfekten eingefchloffen find, fo unzwei=
deutig mit dem ganzen Lager äußerlich zufammen ausgefprochene
Meertiere.

Schon der alte Bock wußte von Aufternfchalen in der Blauen
Erde, die damals noch kein Schlemmer dort hinterlaffen haben
konnte. Beyrich beftimmte dann zuerft eine echte Aufter der ältern
Tertiärzeit aus dem Meer von damals. Als Zaddach feine Studien

begann, hatte Mayer bereits eine ganze zugehörige Fauna festgelegt. Man kennt jetzt neben ganzen Austernbänken alle möglichen Meeres= schnecken, Herzmuscheln, Seeigel, einen sehr häufigen großen Taschen= krebs — dazu die Zähne von Haifischen, deren großartige Entfal= tung im Tertiärmeer auch sonst geläufig ist. Wie durch die Blauerde selbst, so geht dieses Wasservolk auch in den Krant, oft in Tonklumpen noch zu ganzen Nestern vereinigt. Die Austern deuten an, daß es wohl auch damals kein abgrundtiefes Meer war. Einem Lande mehr oder minder vielleicht nahe. Aber doch Meer, das über dem ganzen engeren Fleck gestanden haben muß.

Aus den Tierresten selbst ergibt sich eine diesmal ziemlich sichere genauere Zeitbestimmung für den betreffenden Abschnitt des älteren Tertiärs. Schon Beyrich bestimmte auf Alt=Oligozän, was ein Stück noch hinter jenem Miozän bedeutete, bereits ziemlich nahe dem noch etwas mythischen Eozän. Der Name Oligozän kann (be= langlos) mit „Noch nicht viel neu" übersetzt werden. Daß damals noch Meer bis hierher kam, kann an sich nicht verwundern. Später im Miozän war es schon verlandet. Damals aber schnitt es auch hier noch breit herein, zweifellos auch von Süden, vom damaligen großen Mittelmeer, das im ältesten Tertiär ganz Mitteleuropa noch zu einem Inselarchipel machte ähnlich der heutigen Südsee. Es war noch er= höht eben die Zeit der veränderten Karte. Wie später der Braun= kohlenwald sein Flöz hier ablagerte, so schlug damals das Meer auf dem Samlandfleck seine Schlammbänke nieder mit Austern und Hai= fischzähnen.

Aber dieses uralte früholigozäne Meer begrub seinerzeit nicht bloß solche Muscheln und Zähne — es muß schon damals auch Bernstein geführt haben. Zeitweise in ganz unfaßbaren Massen. Die es dann hier einschwemmte und sich langsam zu Boden setzen ließ. In einem sehr feinen Seeschlamm, den wir uns eben ge= wöhnt haben, als Blaue Erde zu bezeichnen. In Zaddachs schöner Darstellung von 1867 ist auch diese Situation längst völlig klar da. Überlegen wir aber, was sie besagt.

Wir sahen den Bernstein heute vom Meer angetrieben. Pli= nius und Tacitus hatten ihn schon so gesehen. Die Frage entstand, von wo er ins heutige Meer gelangt sei. Von fernen Inseln dieses Meeres. Vielleicht heute untergegangenen Inseln. Die Frage ver= einfachte sich dann: das gegenwärtige Meer wusch seinen Bernstein bloß von der Küste selbst ab, an die es ihn wieder antrieb. Das Ge= heimnis konzentrierte sich auf den geologischen Ursprung dieser

Küftenfchicht, und nun enthüllt es fich. Diefe Küftenfchicht ift felbft
Niederfchlag eines unendlich viel älteren Urweltmeers vor foundfo
viel Millionen Jahren. Das hier beftand, als noch weder Oftfee,
noch Samlandküfte felbft beftanden. Auch diefes urweltliche Meer
hatte damals Bernftein geführt und in Maffen abgelagert. Wie kam
es zu feinem Bernftein? Diesmal nicht vom Samland felbft, denn
das exiftierte ja noch nicht. Alfo woher?

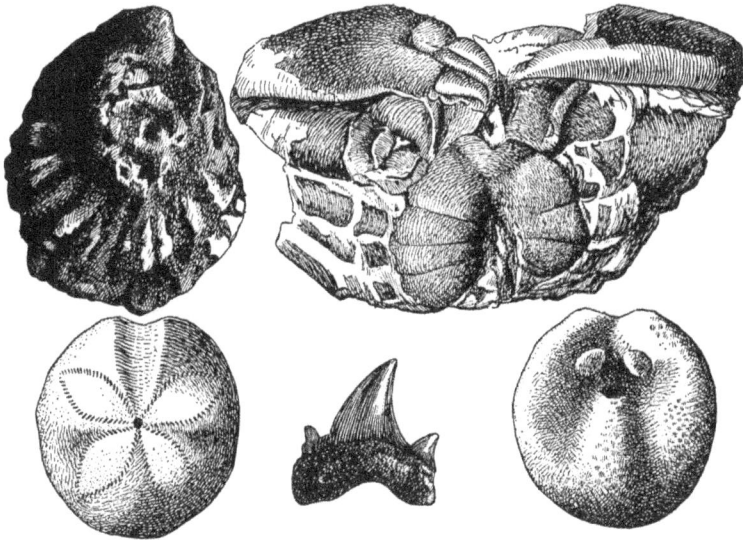

Beweisftücke, daß die Blaue Erde famt ihren nächftzugehörigen Schichten im untern Teil der
famländifchen Steilküfte (vgl. das Profil S. 31) eine alte Meeresablagerung ift: hier noch
erhaltene Refte urweltlicher Seetiere der älteren Oligozänzeit. Oben links eine Aufter
(Ostrea ventilabrum), rechts ein Tafchenkrebs (Coeloma balticum), unten rechts und links
ein Seeigel (herzigel, Laevipatagus bigibbus) von oben und unten, in der Mitte der Zahn eines
haififchs (Carcharodon obliquus), der heute noch in dem Walhai Carcharodon rondeleti
unferer Meere einen 10 m langen Vertreter befitzt. (Kombiniert aus Tornquift u. Schellwien)

Man bemerkt: es ift im Grunde die gleiche Frage wieder, nur
jetzt in eine unabfehbare Urweltferne zurückdatiert. Und folgerichtig
wieder tauchte auch bei Zaddach und feinen Nachfolgern die alte Er=
klärung, bloß mit entfprechender Variante, auf. Bereits diefes oli=
gozäne Urweltsmeer muß irgendwo eine noch ältere Küfte, eine
Infel, eine Schicht zerftört und ausgelaugt haben, wo damals fchon
Bernftein in Maffen als Landprodukt lag. Wo der Bernfteinwald ihn
nun wirklich hinterlaffen. Und von wo das Meer ihn — damals
fchon — mittrieb, um ihn endlich neu in feinem Grunde — damals

ſchon — fremd abzuſetzen. Von ſolchem Meeresgrunde haben wir
hier im Samland zufällig noch ein paar Streifchen unverſehrt er=
halten, während er ſonſt auch der nachmaligen Wiederzerſtörung
anheimgefallen ſein mag. Daher hier der Bernſtein. Aber nicht
vom Lande ſelbſt.

Manches kann dafür ſprechen, daß auch dieſes myſteriöſe letzte
Ur=Land urſprünglich von hier aus nach Norden zu gelegen hatte.
Wo es dann von dem von Süden kommenden Oligozänmeer über=
flutet, zerſtört wurde, wobei ſein Bernſtein frei kam. Ein Stück
uralten Vor=Skandinaviens. Allzuweit dürfte es doch nicht geſtanden
haben, ſonſt wäre der Bernſtein auf ſeiner Meerfahrt bis hierher
wohl noch viel mehr abgeſchliffen, als er iſt, und auch nicht ſo maſſen=
haft am gleichen Fleck verſenkt. Zeitlich mögen aber ſeine eigenen
Glanztage, da es noch hoch aufrecht ſtand, noch um eine ganze ferne
Urwelt zurückgelegen haben. Man möchte jetzt wirklich bis ins aller=
früheſte Tertiär denken, in jenes mythiſche Eozän ſelber noch
hinein. Der Bernſteinwald auf ihm wäre auch noch ein echt eozäner
Wald geweſen. Wie das Wort „eozän" an Morgenröte (Eos) des
Neuen anklingt, als ein wahrer Morgenrötewald auch des Tertiärs
wurzelnd vermutlich im noch älteren Kreidegrunde. Wenigſtens
ſchien es den meiſten nach Zaddach auch ſo, während andere doch
nicht ganz ſo weit geologiſch zurückwollten. Die oligozänen Fluten,
als ſie das Land verſchlangen gleich einer anderen Atlantis, hätten
ihn wohl ſelber kaum mehr aufrecht gefunden. Nur ſeinen Wald=
boden, wo er geſtanden, fanden ſie, gefüllt noch mit ſeinem Bern=
ſteinharz, den ſie dann zerſtörten . . .

Es war das letzte, äußerſte Bild, das ſo auftauchte, und im
weſentlichen iſt es wiſſenſchaftlich auch bis heute unſer letztes ge=
blieben — für uns abſchließend, wie jener graue Nebelwald einſt für
die Antike. Im Moment aber hatte es, ſo gedacht, doch auch eine
Konſequenz, die unvermeidlich ſchien. Folgerichtig wie das Schluß=
bild ſelbſt, aber auch reſignierend.

Den ſie dann zerſtörten! Damit die Schatzſchicht des heutigen
Samlandes entſtehen konnte, mußte die w a h r e Stätte des Bern=
ſteinwaldes ſchon damals radikal als ſolche z e r ſ t ö r t worden ſein.
Es beſtand keine Ausſicht, daß wir ſie ſelbſt noch einmal entdecken
könnten. Ihre Sande waren verſchwemmt, ihr Humus aufgelöſt, ihre
vielleicht im alten Mulm noch eingelagerten Stämme mit den Fluten
wer weiß wohin fortgetragen worden und verloren. Und nur der
Bernſtein hatte ſich, wenn auch er an fremdem Ort, aus der allge=

meinen Vernichtung gerettet für uns. Als nun doch wieder end=
gültig letztes Dokument.

Das Problem hatte einen unermeßlichen Kreis jetzt beschrieben.
Von der Gegenwart durch die Urwelt zum halb mythischen Eozän.
Um immer wieder sich auszulaufen bei den paar goldenen Harzstück=
chen, die jetzt in unserer Geologenhand lagen, wie einst in der des
römischen Juweliers. Würde es (zum letztenmal klang die Frage)
denkbar sein, daß ein moderner Magier doch diese Stückchen selber
zuletzt noch zu einem Zauberspiegel machte, in dem der ewig ver=
lorene Wald noch einmal erschiene? Oder strahlte aus ihrer goldenen
Leere nur das ewige Nichts des Ignorabimus: wir werden nie etwas
erfahren? Geleugnet konnte nicht werden, daß die wissenschaftliche
Aussicht um jenes bedeutsame Jahr 1867 abermals auf das denkbar
bescheidenste Maß zurückgeschraubt schien.

Während umgekehrt der ganze Segen dieser endgültigen geo=
logischen Feststellung diesmal dem technisch=wirtschaftlichen Fortschritt
zuzufallen schien — dort, wo man nicht den Bernsteinwald, sondern
den Bernsteinschatz als solchen suchte.

In der nämlichen Königsberger Zeitschrift und fast im gleichen
Jahr mit Zaddachs grundlegender Arbeit richtete sein geologischer
Fachkollege G. Berendt eine Art Denkschrift an die Regierung, in der
sie mit flammendem Wort aufgefordert wurde, doch endlich mit wirk=
lichem Bergwerksabbau an die nunmehr feststehende Blauerde heran=
zugehen. Der Versuch des 18. Jahrhunderts sei nur gescheitert an
der damaligen geologischen Unkenntnis, jetzt aber liege die günstigste
Chance offen.

Mit dieser Veröffentlichung, kann man wohl sagen, beginnt die
letzte, bis auf den heutigen Tag reichende Epoche der wirtschaftlich=
technischen Bernsteinauswertung. Ihre großartigste und fruchtbarste
in jedem Betracht.

Es liegt nicht im Zweck meines Werkes, sie noch ebenso ausführ=
lich zu behandeln wie die früheren. Denn wenn sie auch mehr als
alle andern auf der neuen wissenschaftlichen Grundlage erwuchs, so
war ihr Bezug doch zu der noch zu erzählenden letzten Phase dieser
Bernsteinwissenschaft selbst nur noch ein ziemlich loser — während
ihre wirtschaftliche Bedeutung als solche ins Unendliche wuchs und
Fäden spann, denen nur eine umfassende Weltwirtschaftsgeschichte
gerecht werden könnte.

Einen Charakterzug, an sich interessant machend, bildet in ihr
bis zu einer gewissen Höhe die Einarbeit eines großzügigen Wirt=
schaftsgenies, verkörpert in der Firma Stantien und Becker, enger
dem Kaufmann des zweiten Namens. Es war gewissermaßen der
menschlich=persönliche Einschlag zu der neuen Fruchtbarkeit des Orts;
einmal durch ihn der Weg geebnet, konnte dann wirklich der Staat
die reife Frucht pflücken.

Der Bezug der Firma zum Bernstein reicht dabei schon Jahre
über unsern Termin von 1867 zurück. Damals kam bei staatlichen
Baggerungsarbeiten im Kurischen Haff bei Schwarzort Bernstein
zutage. Man vermutete einen entfernten Anschnitt echter Blauerde,
was an sich ein geologischer Irrtum war, da es sich wohl auch nur
um ein altes, über die ehemals nur als Untiefe vorhandene Nehrung
eingeschwemmtes Nest vom Samland selbst handelte. Die schon inter=
essierte Firma greift aber zu und sichert sich durch Übernahme der
Baggerung und einen Zuschuß den Gewinn, der viele Jahre zu einer
Goldgrube wird, bis das Nest erschöpft ist. Allein im Jahr 1883 sind
dort 75 546 kg Bernstein gehoben worden. Die ganze Sache doch
bereits ein Zeugnis des treffsichern Blicks.

Inzwischen hat die Regierung bei Erneuerung der Pachtverträge
den samländischen Strandleuten aber 1867 tatsächlich das Grabrecht
entzogen. (Nebenbei: die Pacht ist schließlich ganz eingegangen und
heute durch staatliche Bernsteinabnehmer von Fall zu Fall ersetzt.)
Dabei wurde zufällig noch ein Nebenrecht mit frei, das des Tauchens
jenseits des Strandes, das dann auch die Firma jahrelang nicht ohne
Erfolg erwirbt und übt. Entscheidend aber ist, als Stantien und
Becker seit 1870 auch das Grabrecht selbst begehren und (nach einem
nicht glücklichen Zwischenversuch der Regierung) auch lokal be=
kommen. In der Intuition des Unternehmers erscheint sogleich jetzt
der wirkliche Bergwerksgedanke nach dem Muster mitteldeutschen
Braunkohlenbetriebs.

Es gab dazu zwei Wege größeren Stils: tatsächliches Abheben
der ganzen Deckschichten in offenem Tagbau; oder Tiefbau mit senk=
rechten Schächten und wagrechten Stollen, wo die Bergleute in wasser=
dichten Kleidern bei Licht mit der Hacke arbeiten mußten. Nach
einigem Experimentieren wird das letztere bevorzugt (in der Palm=
nickener Gegend), und obwohl es noch keineswegs ganz ideal ist,
ergießt sich alsbald ein Bernsteinsegen, wie ihn kein verwegenster
Träumer je für möglich gehalten. Die paar tausend Kilo herge=
brachter Samlandernte schwellen in den nächsten Jahren auf mehrere

hunderttausend an, die Staatseinnahmen aus der Jahrespacht von 20—30000 der früheren guten Zeit entsprechend auf 800000 Mark.

Wobei der geniale Blick aber zugleich mit der uferlos zuströmenden neuen Masse die Absatzmöglichkeiten fortgesetzt zu erweitern weiß. Das Rohmaterial wird nach ebenso neuen Methoden für die Interessenten schon am Ort zu genauer Einsicht aus der Verwitterungsrinde geschält und für den Handel sortiert. Vor allem aber wird der Auslandsbetrieb systematisch organisiert, mit eigenen Fabriken bis in fernste Länder. Von Wien besonders auch die Bernsteinspitzenindustrie für Rauchzwecke in Blüte gebracht. Weit darüber hinaus aber der Orient, China, Afrika, Nordamerika erobert. Die alten Pläne der Jaskis leuchtend überholt.

Selbst ein gefährliches Zwischenabenteuer wird pariert. Ein Problem, das schon den alten Chemiker Kunckel von Löwenstern beschäftigt, ist 1879 zunächst von unabhängiger Seite gelöst worden: nämlich klare und gut gereinigte, aber sonst unbrauchbar kleine Bernsteinstücke durch Erwärmung und starken hydraulischen Druck künstlich zu großen zu verbinden. Ohne den echten Bernsteincharakter zu verlieren, konnte dieser sog. „Preßbernstein" (Ambroid) der Bernsteindrechslerei wieder zugeführt, auch gleich in gewissen Modellformen (z. B. für Zigarrenspitzen) und durch winzigen Zusatz beliebig gefärbt geliefert werden. Die sich hieraus entwickelnde Konkurrenzindustrie, die das große Naturmaterial der Firma zu entwerten droht, wird von ihr anfangs als Bernsteinimitation bekämpft, dann aber durch eigene Preßbernsteinfabrikation im Monopolbetrieb aufgesaugt.

Ich gehe nicht weiter ins Detail. Schließlich konnten doch auch hier wieder durch das Monopol eines Einzelnen am ganzen Rohbesitz und die extreme eigene Auslandsarbeit Unzuträglichkeiten nicht ausbleiben. Ich untersuche und werte das nicht. Erfolg aber war, daß die Regierung Ende der 90er Jahre auch diese ganze Bergwerksnutzung wieder in eigene Hand nahm und 1899 die sämtlichen Lagerwerte, Grundstücke, Handels- und Betriebsanlagen der Firma für 10 Millionen Mark dazu erwarb, ein Kapital, das durch die fortgehenden ungeheuren Einnahmen doch bereits in ein paar Jahren amortisiert war.

Im ganzen hatte die geniale Vorarbeit jedenfalls ihr Werk erfüllt, und der Staat hat seither bloß in ihrer Hauptlinie weiter zu gehen brauchen. Nur das auf die Dauer den Schichteninhalt doch nicht ganz vollwertig ausnutzende und feuchte Tiefenwerk der Firma wurde von ihm allmählich wieder durch einen gewaltigen Tagbau mit modernstem Trockenbaggerbetrieb ersetzt. Was ich oben bei der geologischen Schilderung ideal annahm, wird hier gleichsam täglich praktisch vorgemacht: Abtragung des gesamten aufgelagerten Decken= gebirges mit allen seinen Schichten bis zum Schatz.

Von den Erfolgen, die auch der Weltkrieg nur vorübergehend hat stören können, mögen ein paar schlichte Ziffern (nach Professor Brühl) noch kurz berichten. Für das Jahr 1912 bezifferte sich der Ertrag an Rohbernstein insgesamt auf rund 436 000 kg. Davon gingen für Rauchrequisiten und Schmuck unmittelbar hinaus rund 78 000 kg. Der Rest ergab 23 000 kg Preßbernstein, sowie an chemischen Schmelz= und Nebenprodukten 109 000 kg Bernsteinkolo= phonium, das zu Lack verwertet wird, 3000 kg Bernsteinsäure und 36 000 kg Bernsteinöl. Der jährliche Reinertrag der staatlichen Bern= steinwerke wurde vor dem Kriege auf durchschnittlich 1¼ Millionen Mark angenommen.

Zu dem Welthandel ein paar hübsche Sätze von Klebs als Schluß: „Perlschnüre aus den reinsten, trüben, mattgelben Bernsteinsorten lieben besonders die Orientalen und Engländerinnen, die mehr knochigen, weißlichen Arten schmücken die Bewohner West= und Ost= afrikas, die hellklaren bezieht der Kaukasus, die feinsten klaren gehen nach Frankreich, Braunschweig und der Tatarei, die minder= wertigen verbrauchen Rußland und Afrika. Der Beamte Chinas und Koreas setzt wohl einen ebensolchen Stolz in den Besitz einer langen Mandarinenkette aus Bernstein, wie der Indianer in seine Ohr= kolben aus demselben Material. Etwa 10 000 Betkränze aus Bern= stein gehen jährlich in die Hände frommer Mohammedaner und eine noch weit größere Anzahl von Rosenkränzen nach Südfrankreich, Spanien und Italien. Der Krieger in Marokko trägt sein geweihtes Bernsteinamulett auf der Brust, ebenso wie der Krieger Chinas. Ja, viele Perser schmücken nicht nur sich und ihre Toten, sondern auch ihre Pferde mit Schnüren von klaren, rissigen, oft eiergroßen Bern= steinperlen."

... Ob ein Magier noch einmal den Bernstein allein zu einem Zauberspiegel machen könnte?

In einem Punkte ähneln sich doch die beiden Schlußabschnitte unserer Bernsteinkunde. Auch der letzte wissenschaftliche steht wesent= lich im Banne des Genies, und wenn man will, mag man den genialen Naturforscher immerhin den Magier unter seinesgleichen nennen.

Die Bernsteingrube Anna (Tiefbau) bei Palmnicken an der Samlandküste, seit 1925 außer Betrieb.

Auch das größte Genie wird aber, wie auf der wirtschaftlichen, so auch auf der wissenschaftlichen Seite, immer wieder nur erwachsen und sich wirklich fruchtbar erweisen können auf der Grundlage einer langen voraufgehenden Arbeitsleistung.

Bereits durch das ganze 19. Jahrhundert geht neben all dem geschilderten hohen Fluge der Ideen auch eine solche fachwissenschaftliche Kleinarbeit.

Bild aus dem heutigen Tagebaubetrieb zur Gewinnung des samländischen Landbernsteins. Die bernsteinhaltige Erde wird hier aus den Kippwagen, die sie von den Baggern erhalten, auf eiserne Roste geschüttet und zur sog. „Wäsche" gebracht. Kräftige Druckwasserstrahlen lösen sie zu einer „Trübe" auf, die die Bernsteinstücke schwimmend mit sich führt, worauf das Ganze in Rinnen zum Abfluß gebracht und der Bernstein durch besondere Vorrichtungen zurückgehalten wird, während die Trübe selbst ins Meer fließt

Die liebevolle Bemühung um die kleinen gelegentlichen Einschlüsse im Bernstein selbst. Ob an ihnen doch noch etwas mehr zu sehen sein könnte?

Das Mikroskop wurde dafür herangeholt. Man schliff die zierlichen goldenen Stückchen, in denen sich organische Reste zeigten, an, um besser ins Innere hineinzuspähen. Dabei zeigte sich aber, neben mancher Entdeckung über den Aufbau der alten Harzmasse als solcher, erst das ganze Wunder, das die Natur hier fertig gebracht. Hatte sie doch schon vor Millionen von Jahren (wie man sie ja jetzt allmählich zu ahnen begann) Erhaltungsmethoden jener Einschlüsse durchgeführt, wie wir sie heute durch künstliche Einbettung unserer

feinsten mikroskopischen Präparate und Schnitte in durchsichtigen
Kanadabalsam kaum besser zu erzielen wissen. Wobei man lange
noch geglaubt hat, eigentlich seien uns nur die Höhlungen im Bern=
stein als Umrißabguß etwa eines solchen Insekts erhalten, der Körper
selbst aber doch nach so langer Zeit ganz oder fast spurlos verflüch=
tigt; man kann das noch in heutigen Lehrbüchern vertreten finden,
stimmen tut's aber auch nicht, denn Hanns von Lengerken hat
neuerlich fertig gebracht, fast ganze Käfer auch als solche noch her=
auszulösen.

Andererseits kam grade mit der wachsenden technischen Aus=
beutung der Blauen Erde aber auch die Masse dieses Materials erst
klar in Sicht. Was anfangs nur wie eine gelegentliche hübsche Zugabe
erschienen, erwies sich in gewissen Bernsteinsorten, die besonders
günstig gewesen sein müssen, gradezu als die Regel. Man bekommt
einen Begriff, wenn man hört, daß allein das Königsberger geolo=
gische Universitätsinstitut bereits vor dem Weltkriege nicht weniger
als 70 000 auserlesen schöne Tiereinschlüsse bewahrte. Kleine, aber
sehr belehrende Sammlungen können heute von den staatlichen Bern=
steinwerken dort ganz regelmäßig aus ihrer Palmnickener Aus=
beute für Schulzwecke zusammengestellt werden.

Seit den 30er Jahren sehen wir eine Reihe typischer deutscher
Gelehrtenköpfe fast ausschließlich bei diesem Kleinstudium. In der
Nähe des Mutterbodens selbst den älteren G. C. Berendt und Joh.
Chr. Aycke, weiter entfernt (in Breslau) den vielseitig bewährten,
in Schlesien allverehrten Heinrich Robert Goeppert (geboren 1800).
Goeppert, anfangs mit geringem Material arbeitend, wurde dann
seinerseits seit den 50er Jahren in ausgiebigster Weise unter=
stützt durch den großartigen Danziger Sammler Menge. Es sollte
eine der letzten Freuden des greisen Alexander von Humboldt sein,
daß er diese Erfolge im scheinbar Bescheidensten noch begrüßen durfte.

Dabei mußte sich aber die Aufmerksamkeit vor allem auch den
pflanzlichen Einschlüssen zuwenden. Nicht nur, weil Goep=
pert selbst zufällig Botaniker war, sondern auch aus der Sache selbst.
Es gab ja auch solche Einschlüsse, wenn man sie auch bis in die neuere
Zeit weniger beachtet hatte als die Fliegen oder Spinnen — oft in
ihrer Weise ebensowohl erkennbar und jenen verfeinerten Methoden
zugänglich. Als da waren: Holzteile, Mulm, gelegentlich ein ganzes
Blättchen, Nadeln, Blüten, Blütenkätzchen und verwandtes mehr.

Für die schlichte Theorie, daß Bernstein Pflanzenharz sei, mußte
darin ja noch ein besserer Beweis liegen, als bloß durch die Tiere.

Aber das trat zurück gegen die weitere Erwägung, daß wir so auch durch den Bernstein selbst noch auf die uralten „Bernsteinbäume" schauten, ihre mutmaßliche äußere Gestalt und botanische Art. In ganz liliputanischen Kleinbildchen — etwa wie sich in den Facetten eines Ringdiamanten eine Landschaft spiegelt. Aber doch mit dem unmittelbaren Wert eines Dokuments. Wie aber mußte dazu durch= schlagen, als sich jetzt mit Ende der 60er Jahre herausstellte, daß es tatsächlich wieder unser einziges Dokument sei.

Es war noch der hochbetagte treffliche Goeppert in Person, der damals den Plan faßte zu einer großen „Flora des Bernsteins", die alles bisher bekannt gewordene zusammengreifen sollte. Bereits über 80jährig, war er aber selbst nachher nicht mehr der vollen Durchführung gewachsen, sondern es mußte eine frische jüngere Kraft hinzu, die sich in Hugo Conwentz fand. Mit Conwentz erscheint die führende Gestalt dieses letzten Abschnitts auch unserer wissenschaftlichen Bern= steinforschung.

Der heute aufwachsenden Generation ist er (selbst inzwischen heimgegangen) wesentlich bekannt als der kraftvolle spätere Be= gründer und Altmeister der Naturschutzbewegung — in der Tat auch das ein unvergängliches Ruhmesblatt. In jenen Tagen aber bildete er sich den genialen Gedanken, aus dem Bernstein, wenn er denn fortan allein bleiben sollte, doch noch ein lebendiges Bild des ver= lorenen Waldes, den kein Naturschutz mehr erreicht hatte, erstehen zu lassen — was er dann mit einer seltenen Vereinigung schärfster wissenschaftlicher Sachforschung und glücklicher Intuition meisterlich durchgeführt hat. Von seinen beiden wundervoll illustrierten Quart= bänden darüber schloß der erste noch eng als Fortsetzung an Goeppert und Menge an, während der zweite die eigentlich originale und grundlegende Leistung ist: die „Monographie der baltischen Bernstein= bäume" von 1890. Es ist wesentlich Aufgabe meiner Restseiten, von Geist und Inhalt dieses Werkes noch eine anschauliche Vorstellung zu geben.

Man konnte mit Recht sagen, daß mit ihm der Bernsteinwald zum letztenmal, aber nun auch endgültig für uns zum wirklichen Rauschen kam.

Zunächst dabei noch etwas wissenschaftliche Definition des Bern= steins selbst, wenn er jetzt die ganze letzte Rolle spielen soll. Da wir doch an den nordischen Wald heranwollen, beschränken wir auch auf den nordischen Stein. Den der Blauen Erde, wie wir jetzt

wiſſen. Was ja auch nur dem rein deutſchen Wort entſpricht. Ganz
fremde bunte Foſſilharze, die man in Rumänien und Sizilien, ja
Japan und Nordamerika gefunden, ſollte man nicht Bernſtein
nennen, das gibt nur Verwirrung. Andererſeits kommen aber auch
in der nordiſchen Blauerde ſelbſt noch ein paar andere Harze vor,
die kein echter Bernſtein ſind und denen man deshalb mit Recht be=
ſondere Namen gegeben hat: ſpröder gelber G e d a n i t, brauner, an
unſere Benzoe erinnerder G l e ſ ſ i t, ſchwarzer S t a n t i e n i t und
braunerdiger B e ck e r i t (man hört die Namen der berühmten Firma
anklingen!). Das mag auch Pflanzengummi des Waldes geweſen
ſein, aber zweifellos nicht von den eigentlichen Bernſteinbäumen.
Will man das echte Harz ihnen gegenüber noch einmal gelehrt
trennen, ſo mag man es (aus jenem lateiniſchen Urwort) S u c c i n i t
heißen, es genügt aber auch eben „Bernſtein" ſelbſt. Nur auf ihn
konzentriert ſich das weitere Intereſſe in Conwentz' Sinn.

Das allgemeine geologiſche Bild, das auch er zugrunde legt, iſt
weſentlich das Zaddachſche, während Goeppert hier noch unſicher
ging. Ein urſkandinaviſches Land alſo im Norden, das bis in die
heutige Samlandnähe reichte und dann unterſank. Wie weit es ſich
öſtlich und weſtlich zog, bleibt dunkel. Man hat in der Folge wohl
gemeint, es habe ſich vor ſeinem Atlantisſchickſal bis weit auch nach
Polen und Südrußland hinunter ausgedehnt, wo dann nachher auch
gelegentlich eine Art Blauer Erde mit echtem Bernſtein entſtanden
ſei; doch ſei das dahingeſtellt. Die Zeit dieſes Landes wirklich
Eozän, was trotz des erwähnten Widerſpruchs (z. B. bei Torn=
quiſt, dem wir eine ausgezeichnete Geologie Oſtpreußens verdanken)
ſich ebenfalls allgemein heute wieder durchgeſetzt zu haben ſcheint.
Nun aber Aufgabe, auf dieſe geologiſche Atlantis wirklich wieder
ihren Wald zu bringen, was nur der Bernſtein leiſten ſoll. Wir
folgen dem Griffel des Genius. Aus einer Sofaecke, wie moderne
Theoſophen wohl von der griechiſchen Atlantis gemeint haben, iſt
dieſe geologiſche nicht zu erträumen — es fordert auch weiter ernſte
Gedankenarbeit.

Schon jene verſchiedenartigen Harze der Blauen Erde ſelbſt
mögen darauf hinweiſen, daß in dem Walde ſehr unterſchiedliche
Baumtypen geſtanden haben müſſen. Und es iſt vielleicht nicht un=
intereſſant, ſich dabei einen Augenblick zu vergegenwärtigen, was
aus dem allgemeinen Bilde des Pflanzenſtammbaums heraus auch
ſolcher eozäne Wald damals ſchon für eine Vegetationsſtufe vertreten
haben k ö n n t e.

Wie bekannt, erscheinen die urweltlichen Pflanzen zeitlich ungefähr in der Reihenfolge des botanischen Systems (vgl. z. B. wieder die neue Gothansche Bearbeitung von Potoniés bekanntem Handbuch). Für antidarwinistische Leute mag das mißlich sein, die Natur ist aber auch hier wichtiger als die Philosophie. Indem die älteren und niedrigeren Entwicklungsstufen aber durchweg nicht ganz verschwanden, wurde das Gesamtbild dabei nicht bloß höher, sondern zugleich fortgesetzt farbenreicher und breiter. So sehen wir in den entlegensten Epochen (Kambrium und Silur) zunächst nur Algen, die wohl noch rein damals das Wasser besiedelten. Gewisse Kalk= algen gehören sogar, wie wir neuestens ahnen, wohl noch dem Vor= kambrium an. Ein Landwald wäre also überhaupt damals noch nicht möglich gewesen. Im Devon treten dann die ersten wirklichen Land= pflanzen auf, die bereits im Oberdevon nach kurzem wunderlichen, fast mooshaften Voranfang schon deutlich Farntyp annehmen. In dieser Zeit hätte sich ein fast reiner Farnwald etablieren müssen, wie er bis zu gewissem Grade auch in der nächstfolgenden Steinkohlen= periode wirklich bestanden hat. Als er schwand, blieben aber doch einzelne Farne übrig und konnten somit auch bis in unsern wirk= lichen Eozänwald kommen, wie sie ja noch auf unsere Gegenwart ge= langt sind. Wir wissen aber wieder grade aus neuester, sehr um= wälzender Forschung immer deutlicher, daß auch in jener Steinkohlen= periode selbst bereits eine machtvolle Invasion der nochmals nächst= höheren Stammbaumgruppe, der sog. Gymnospermen, zu denen unsere Koniferen oder Nadelhölzer gehören, zwischen jene Farne stattgefunden haben muß. Viele Typen, die man lange dort auch für reine Farne hielt, haben sich jetzt als solche einfachsten Samen= pflanzen herausgestellt, die allerdings unsern heutigen Koniferen äußerlich noch gar wenig ähnelten. Und ungefähr in der Mitte der folgenden Permperiode (zwischen sog. Rotliegenden und Zechstein)

Erklärung der Abbildungen auf S. 55.
Einschlüsse höherer Blütenpflanzen (Angiospermen) im Bernstein.
1. Zwei Blüten einer tropischen Connaracee (Connaracanthium roureoides). Unten links natürliche Größe, darüber aus zwei Blüten kombinierte vergrößerte Ansicht. 2. Blüte eines Zimtbaums (Cinnamomum Felixii), links natürliche Größe, daneben starke Vergröße= rung. 3. Blüte einer Palme aus der Verwandtschaft unserer Dattelpalme (Phoenix Eichleri). Links oben nat. Gr., daneben starke Vergr. 4. Männl. Blütenkätzchen einer Eiche (Quercus piligera), links nat. Gr., daneben stark vergr. Der selten schön erhaltene Einschluß trägt 24 Blüten. 5. Blatt eines Zimtbaums (Cinnamomum polymorphum). Nat. Gr. Das schön erhaltene Blatt erscheint steif, lederartig, glatt und nackt, auf der Oberseite glänzend und von grünlichem Aussehen. 6. Blatt einer Eiche (Quercus subsinuata). Nat. Gr. 7. Laub= knospe einer Eiche (Quercus macrogemma), links oben nat. Gr., daneben starke Vergr. (Die Bilder sind nach Goeppert und Menge, „Die Flora des Bernsteins", bearbeitet und fort= gesetzt von H. Conwentz, 2. Band, Danzig 1886)

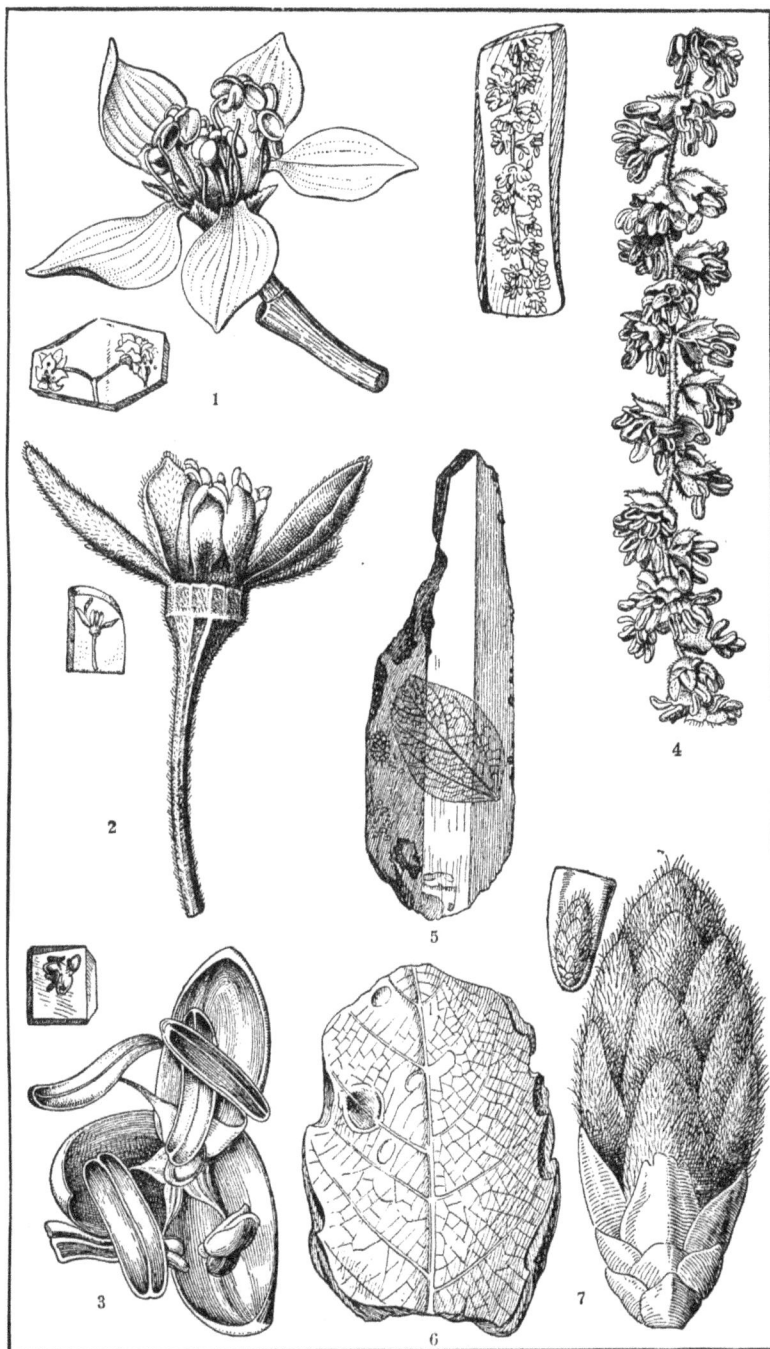

1

2

3

4

5

6

7

geht sozusagen die pflanzliche Erdherrschaft von den Farnen für eine lange Zeit geradezu jetzt auf diese Koniferen und Verwandte über. Von nun ab hätten auch die Nadelhölzer für unsern Eozänwald gleichsam vorgemerkt sein können. Schon in jenem Rotliegenden nähern sie sich auch äußerlich bereits der bekannten Araukarien= form, und in der Mitte des mesozoischen Weltalters, in der Jura= periode, nehmen sie ersichtlich die Gestalten unserer Taxodien und echten Zypressen, ja wenig später selbst der uns heute so allgemein vertrauten Kiefern und Fichten an. Die riesenhaften Landsaurier jener Tage haben noch fast rein in solchem Nadelholzwald gehaust. Bis dann wieder ein erstaunlicher und immer noch etwas rätselhafter Ruck nach oben ungefähr in der Mitte der folgenden Kreidezeit statt= hat; der floristische Umschwung scheint sich fast demonstrativ nicht an die Hauptabsätze unseres geologischen Schemas gehalten zu haben. Diesmal tritt die obere Gruppe jener Samenpflanzen, die der Angio= spermen, sichtbar auf den Plan. Ob sie sich heimlich aus einem Zweige der herrschenden Gymnospermen entwickelt hatte, wissen wir nicht, jedenfalls ist auch sie sogleich fast im vollen Umfang da. Als sog. Monokotyledonen und daneben auch schon mit ihrem andern heu= tigen Zweig als Dikotyledonen. Letztere nach ihrer Organisation die unbedingte Spitze des ganzen Pflanzenreichs. Keine Familie aber dabei, die nicht auch heute noch bestände. Wenn der Bernstein= wald bis dahin Farne und Koniferen besitzen konnte, so von hier an, falls es sonst seine Zone erlaubte, ebenso Palmen (aus jenen Mono= kotyledonen), Lorbeern, Magnolien, Eichen und anderes auch uns heute noch in Massen geläufiges. In den großen Zügen war der Stammbaum aber damit vollendet, und so werden wir im Tertiär diesseits der Kreide prinzipielle Lücken überhaupt nicht mehr er= warten dürfen.

Durchaus zu diesem Eindruck stimmt nun das wirkliche Zeugnis der pflanzlichen Bernsteineinschlüsse — so gut, daß jeder Zufall aus= geschlossen scheint.

Wir sehen, um diesmal mit der jüngsten Stufe anzufangen, in dem Zauberspiegelchen dieser Einschlüsse bereits auf einen unver= kennbar prachtvoll reichen Laubwald höherer Blütenpflan= zen. Conwentz hat ihn in jenem Zusatzbande zu Goeppert zuerst be= schrieben. Natürlich muß man sich bei der Wiederherstellung der gegebenen Grenzen bewußt bleiben. Unsere Harztröpfchen konnten keine ganzen Bäume konservieren. Was an ihnen festklebte, war oft grade das zum botanischen Bestimmen schwächste Zufallsmate=

rial: abfallende und weit herumwehende Härchen, Schuppen, im besten Fall ein ganzes kleines Blatt. Es wird gewiß sein, daß wir von einer Menge hierzu ungeeigneter oder weniger häufiger Bestände des Waldes überhaupt keine Kenntnis erhalten haben, wobei ja noch mitspielt, wieviel Bernstein mit Inhalt nicht bis in Naturforscherhand gelangt ist. Um so wunderbarer, wie reich unser Bild trotzdem noch wird. Wobei ich erwähne, daß auch für die Pflanzeneinschlüsse jetzt durch den jüngeren Potonié erwiesen ist, daß sie keineswegs bloß Hohlräume bieten, sondern ebenfalls noch echte Substanz.

Wohl die packendste Entdeckung sollten hier wirklich Palmen sein. Sie haben sich noch durch kleine Einzelblüten und Blatteile unzweideutig kenntlich gemacht. Einst, in der ersten vagen Vision solchen Urweltwaldes, schienen Palmen ja selbstverständlich. Aber das war, strenger geographisch erwogen, keineswegs der Fall bei einem Walde, der in den Breiten der Ostsee gelegen haben sollte. Man muß sich schon dazu vergegenwärtigen (was wir allerdings heute erst hinzugelernt haben), daß die Wärmeverhältnisse im älteren Tertiär wirklich ganz andere waren als unsere. Eine Vegetation wie vom Genfer See konnte damals bis Spitzbergen und Grönland gehen — ohne daß wir doch noch recht zu sagen wüßten, was diesen Gegensatz eigentlich bedingte. (Vgl. mein Kosmosbändchen „Eiszeit und Klimawechsel".) Warum in diesem Klima also nicht Palmen auch im echten Bernsteinwald? Die eine der noch nachweisbaren Typen ist unsere Phoenix, die Dattelpalme, heute nordafrikanisch und indisch. Man sieht noch jetzt an der Riviera und im modernen Rom, wie leicht sie sich auf der europäischen Mittelmeerseite künstlich einbürgern läßt, damals aber muß sie hier oben wild gewachsen sein. Eine andere echte Bernsteinpalme gehörte zu den schönen amerikanischen Fächerpalmen unserer Warmhäuser, den Sabal=Arten, von denen die sog. Palmettopalme drüben auch heute noch am weitesten nach Norden kommt.

Ich will hier gleich auf ein Gesetz hinweisen, das bei fast allen Bernsteinwaldbäumen wiederkehrt. Sie erinnern mit Liebe teils an ostasiatische (z. B. japanische), teils an nordamerikanische Arten von heute. Noch durch die ganze Tertiärzeit besaß nämlich auch Europa stark gemeinsame Flora mit diesen heute fremden Ländern. In Europa wurden dann auch die letzten Reste dieser Vegetation durch die Eiszeit vernichtet, während sie sich in Japan und Nordamerika halten oder doch nach kurzer Verdrängung zurückfinden konnte.

So früh im Tertiär, wie wir aber bei unserem Bernsteinwalde sind, spiegelt sich die alte Gemeinsamkeit noch überall.

Ich wähle gleich als Beispiel die erwähnte allbekannte Magnolie. Heute nordamerikanisch=japanisch und bei uns erst wieder künstlich wegen ihrer Schönheit eingeführt, stand auch sie noch als wildes Naturkind in unsern Ostseewäldern.

Zu dem Wärmebilde selbst wieder beweisend wirkt der Zimt= baum (Cinnamomum). Wir denken an die tropischen Gewürzinseln, obgleich auch er bis China geht. Von seinem Dasein im Bernstein= walde haben uns aber zwei Blüten und ein reizendes eiförmiges Blatt noch sichere Kunde bewahrt. Dieses Blättlein gehörte seit 1858 zu den größten Berühmtheiten der ganzen Bernsteineinschlüsse, und wer will sich dem Zauber verschließen, daß grade dieser vielbesagte und fast sagenhafte Gewürzbaum uns damals noch so nahe gewesen sein soll. Die Gattung gehört dabei botanisch zu den Lorbeern, und an solchen ist auch sonst im Tertiär bei uns kein Mangel gewesen. Wollen wir uns den Laubwald aber recht eigentlich urwaldhaft dicht machen, so müssen wir uns erzählen lassen, daß er neben solchen Fremdkin= dern doch auch ungeheure Bestände an Eichen enthalten haben muß. Abgeworfene Knospenblättchen und Haare solcher bilden gradezu die Hauptmasse aller pflanzlichen Bernsteineinschlüsse. Im Temperatur= bilde werden wir sie uns wohl als immergrüne Arten denken. Neben ihnen standen zwei Buchenarten und vier Kastanien, wohl auch Ulme und Weide und mancherlei Ahorn. Dieser Ahorn ist erst im späteren, langsam kühler werdenden Tertiär ganz richtig hochgekommen, und man möchte glauben, er sei in unserem warmen Paradiese ein früher Vorahner und Ankündiger solchen Umschwungs gewesen.

Ich gehe nur rasch noch über eine Reihe kleinerer Typen fort. Da wuchs aus den Lilienverwandten die Stechwinde, heute nur mit einer Art im Mittelmeergebiet, sonst auch jetzt fernes Japan und

---

Erklärung der Abbildungen auf S. 59.

Insekten und Spinnentiere aus dem Bernsteinwald, die sich im ursprünglich flüssigen Bern= stein erhalten haben

1. Lepidothrix pilifera, ein urtümliches, ungeflügeltes Insekt aus der Verwandtschaft un= feres sog. Zuckergasts. Vergr. 2. Cronicus anomalus, eine Eintagsfliege. Der Strich gibt die nat. Gr. 3. Holocompsa fossilis, eine Schabe (Blattide). Vergr. 4. Hagnometopias pater, Käfer aus der Verwandtschaft unserer Pselaphiden, die zum Teil heute als Gäste bei Ameisen leben. Vergr. 5. Dorcaschema succineum, ein Bockkäfer. Vergr. 6. Palaeogna= thus succini, ein Hirschkäfer aus der Verwandtschaft der lebenden Lampriminen. 7. Prio= nomyrmex longiceps, eine Ameise. Strich nat. Gr. 8. Inocellia erigena, Kamelhalsfliege. Vergr. 9. Palaeopsylla Klebsiana, der einzige bekannte urweltliche Floh, im Bernstein erhalten. Vergr. 10. Platymeris insignis, Raubwanze. Vergr. 11. Chelifer Hemprichti, Bücherskorpion. Strich nat. Gr. 12. Mizalia rostrata, Spinne. Strich nat. Gr.
(1, 3, 4, 5, 6, 8, 9, 10 nach Schröder-Handlirsch; 2, 7, 11, 12 nach Zittel)

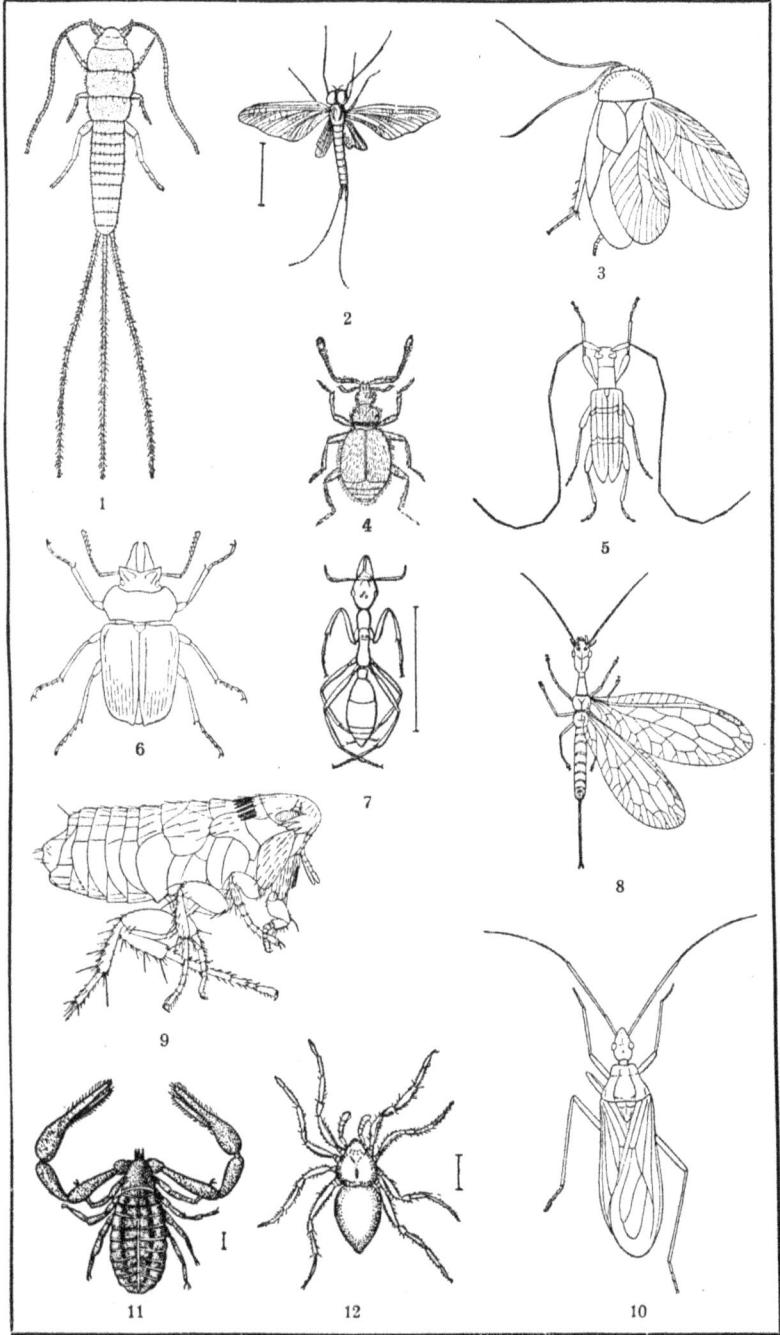

1
2
3
4
5
6
7
8
9
11
12
10

Amerika. Eine kalmushafte Arazee, unter den Gräfern ein Mais, Neffeln und Knöterich neben der Wachsmyrte und den lieblichen Zist= röschen von Capri, die Rofenäpfel der Tropen und Oftafiens zu ver= trauteren Geranien, Sauerklee und Lein zu Sandelholz. Holunder blühte mit dem Ölbaum und wieder unferem niedlichen Pfaffenhüt= lein. Krapp und Kerbel, dann aber wieder ganz überrafchend der füdamerikanifche Seifenbaum und Verwandte des prachtvollen Sil= berbaums vom Kap mit feinen filbergrauen Blättern. Japanifche Deußien und Euphorbien und heute tropifche Leguminofen. Die größte und fchönfte Blüte, die der Bernftein überhaupt geliefert (von faft 3 cm Durchmeffer, alfo wie ein altes Zweimarkftück), gehört einer Tee= und Kamelienverwandten (Stuartia) an, die wieder ganz nach jener Regel heute drei Arten in Nordamerika und eine in Japan hat. Im Gezweig fchmarotzten Mifteln, und am rechten Fleck fehlte felbft die Heide nicht. Und natürlich auch kein Mangel an Pilzen, Flechten, Leber= und Laubmoofen, wie dem fchon damals in der Pflanzenentwicklung urtümlichen Farn. Man fieht: ein echter Para= dieswald, wo alles nur denkbare durcheinanderwuchs fchon im reinen Laubholz, allerlei Zonen und Länder vertaufcht. Und wieviel mehr mag noch dabei gewefen fein, wenn wir regelrecht hätten botani= fieren dürfen. Über dem Ganzen wird aber vermittelnd die para= diefifche Wärme gelegen haben. Man hat felbft vorfichtig doch ein Jahresmittel von über 20° C herausgerechnet, fagen wir alfo: Nord= afrika. Wozu auch die Infekten paffen würden, die der Bernftein ja ebenfalls fo faft überreich bewahrt.

Sind die winzigften Blütchen noch bis in alle feinften botanifchen Details erhalten, fo ift es bei diefen Infekten ein befonderer Reiz, daß man fie oft gleichfam noch wie mitten in der lebhafteften Lebens= bewegung, gleichfam ftrampelnd und fich fträubend, erfaßt. Kein Beobachter wird fich gelegentlich des faft fchreckhaften Eindrucks er= wehrt haben, er fehe trotz der Millionen Jahre Zwifchenzeit noch ein lebendiges, nur eingekerkertes Gefchöpf vor fich. Der Art und wei= tern Sippe nach findet man auch bei diefen Infekten gradezu alles noch, was irgendwie mit Harz in Berührung kommen konnte. Im ganzen doch auch durchweg heute geläufige Formen, da auch die Infektenbildung verhältnismäßig früh fertig gewefen ift. Immer= hin mag auffallen die Maffe der kleinen, noch flügellofen Zucker= gäfte und Genoffen, die manche für die letzten Nachzügler der Ur= infekten halten. (Vgl. mein Kosmosbändchen „Der Stammbaum der Infekten".) Unendliche Käfer natürlich, Mücken, Wefpen, Bienen

und Ameisen — was da fliegt und kriecht und krabbelt mit Buschs
Wort. Im einzelnen doch immer interessantes: bei den Cicindeliden
die amerikanische Tetracha carolina, ganze 46 Arten der heute meist
von Ameisen gepflegten Pselaphiden und mehrere der ebenfalls dort
verhätschelten südländischen Paussiden, unter den Hirschkäfern eine
der schönen australischen Lampriminen. Neben (selbstverständlich
meist nur in den kleinen mottenhaften Typen erhaltenen) echten
Schmetterlingen zahlreich noch ihre Vorfahren, die Köcherfliegen.
Einmal nur bisher ist ein Floh gefunden worden (Palaeopsylla Klebsiana, benannt nach dem feinsinnigen Bernsteinforscher Klebs), der
aber den hohen Ruhm wahrt, der einzige überhaupt bekannte „sau=
bere Gast" aus der ganzen Urwelt zu sein. Man möchte unwillkürlich
fragen, von was für einem präadamitischen Ungeheuer er abge=
sprungen sein könnte, um im Harz zu landen, nüchterne Zoologen
denken ihn aber auf einer Maus oder einem Maulwurf ursprüng=
lich beheimatet. Sehr wertvoll, weil auch in jenes Temperaturbild
einstimmend, sind die unverkennbaren Wärmegäste: an 50 verschie=
dene Arten zum Teil direkt tropischer Kakerlaken (Blattiden) und
neben einzelnen Blatt= und Fangheuschrecken durchaus nicht selten
Termiten. Man weiß, daß diese Termiten sich noch heute als geflü=
gelte Geschlechtstiere zeitweise in ganzen Wolken aus ihren dunklen
Erdhöhlen erheben, und in solchem Luftstadium sind sie damals auch
in die erstickende Umarmung des Harzes geraten — im Mikroskop
ein reizender Anblick mit ihren noch heute glitzernden Flügelchen.
Unter den ebenfalls regelmäßig wiederkehrenden Spinnentieren
amüsierte gelegentlich ein winziger Bücherskorpion (Chelifer), der
sich ganz nach Art unserer heutigen freiwillig oder auch unfreiwillig
an ein vorbeifliegendes Insekt, eine Schlupfwespe, angeklammert
hatte und von ihm, obwohl selber flugunfähig, durch die Luft ent=
führt worden war, bis Roß und Reiter ein gemeinsames unrühm=
liches Ende im Leimtopf ein und desselben eozänen Harzergusses
fanden.

Aber indem Atlantis so wieder zu blühen und zu summen be=
ginnt, ihre Palmen sich wieder wiegen und ihre Käfer schwirren,
suchen wir doch noch eine besondere Handlung auf ihr.

Im Paradies der Legende stand zu den andern Bäumen der
Baum der Erkenntnis, und an ihn schloß die Handlung dieses Para=
dieses. Die große Handlung unseres Bernsteinwaldes war seine
Harzproduktion selbst. Wo erfolgte sie? Wer war auch in diesem
Sinne sein Erkenntnisbaum?

Von keiner der bisher geschilderten Laubpflanzen ist wahrschein=
lich, daß der echte Succinit grade von ihr stammen sollte. Wohl
bleibt verständlich, daß, wo in der Nachbarschaft solches Harz quoll,
auch Material von dort anflog. Aber wer hatte die eigentliche Leim=
rute gestellt?

Es war wieder ein früher Gedanke jener Wredeschen Zeit, daß
es ein Nadelholz, eine Konifere gewesen sein müsse.

Wir haben gesehen, daß auch solche Nadelhölzer in unserem Para=
diese sehr wohl bereits bestehen konnten. Daß auch in einem warmen
Walde solche Koniferen mit Palmen abwechseln mögen, zeigt noch
heute so manche Tropenlandschaft. Einer der ersten überraschenden
Eindrücke, die Kolumbus in Mittelamerika empfing, war solcher
Mischwald. Der einsame Fichtenbaum Heines, der im Norden von
einer unerreichbar fernen Palme träumt, ist botanisch doch nur der
Ausdruck unserer von der Eiszeit verwüsteten europäischen Welt.
Und in der Tat läßt sich das reine Laubwaldbild leicht aus den Ein=
schlüssen auch hier herüber ergänzen. Der alte Goeppert noch selbst
und Caspary haben dazu vorgearbeitet.

Schon die erste oberflächliche Durchsicht jeder besseren Samm=
lung zeigt gradezu Massenbestände von Zypressencharakter. Nächste
Verwandte unseres hübschen Lebensbaums, der Thuja, müssen viel=
fältig alles durchwuchert haben, so zahllos sind auch ihre losen jungen
Zweiglein in das Harz gelangt. Wobei auch Thuja nach jener Regel
heute für uns aus Ostasien und Nordamerika kommt; drüben bildet
sie immer noch Riesenstämme von 60 m Höhe. Dazu treten echte
Zypressen und Chamäzypariden gleicher Verbreitung, kalifornische
Libozedern und südafrikanische Widdringtonien. Man müßte
streckenweise wie durch einen prächtig assortierten modernen Koni=
ferenpark geschritten sein. Auch zu unserer einzigen noch echt deut=
schen Zypresse, dem Wacholder, gab es bereits Anklang. Fehlte, wie
es scheint, die echte Sumpfzypresse, so nicht der nah verwandte chine=
sische Glyptostrobus und die riesenhafte Sequoia. Selbst ein so völlig
fremdartiger Tropentyp von heute wie eine Zykadee, die wie ein
Palmbaum ausschaut und doch eine weitläufige Konifere ist, war
gelegentlich dabei. Also auch hier eine reiche Wahl, und wenn wir
etwa das Harz von Thuja ableiten dürften, wären wir rasch am Ziel.

Aber wieder macht sich ein Gedanke geltend.

Im echten Succinit finden sich immer einmal wieder nicht nur
angewehte äußere Pflanzenteile, sondern auch Holz selbst.

Und das nicht bloß in losen Krümelteilchen, sondern nicht selten auch in derben Bruchstücken, die das Harz heute noch in seiner Bernsteingestalt gradezu innerlich durchwächst. Es liegt doch nahe genug, daß dieses von innen verharzte Holz vom Bernsteinbaum als Harzgeber selber stammt. Gleichsam Wand noch seiner eigenen Werkstatt ist.

Keines dieser überlieferten Hölzer aber geht nach Conwentz wirklich auf solches Zypressenholz. Bei den losen und mehr problematischen Rollhölzern ohne unmittelbaren Harzanschluß, die mit dem Stein in die Blauerde eingeschwemmt sind, mag auch derartiges sein. Wo immer dagegen Holz mit Bernstein verknüpft erscheint, weist es stets auf eine ganz bestimmte Spur.

Als Berendt 1830 solches Bernsteinholz, zum Teil noch durch Wrede selbst, erhielt, schloß er schon bei erster oberflächlicher Untersuchung, daß es sich um Bruchstücke einer nächsten Verwandten einer unserer allerbekanntesten, noch heute im Lande heimischen Koniferenformen gehandelt zu haben scheine, nämlich unserer als Weihnachtsbaum jedem Kinde mit süßer Romantik umschwebten Fichte.

Um es hier einzuflechten, besteht über die Benennung unserer geläufigsten deutschen Waldkoniferen in manchen deutschen Gegenden etwas Widerspruch. So nennt der Berliner den Hauptbaum seiner Forstkultur Fichte, während es in Wahrheit Kiefern sind, und etwa die echte Riesengebirgsfichte begrüßt er als Tanne. Botanisch zählen zur Familie der kiefernverwandten Gewächse neben der eigentlichen Kiefer, zu der auch Pinie und Zirbel rechnen, die Fichte (Rottanne) mit immerhin stärkerer äußerer Ähnlichkeit zur Tanne, die Tanne, Weißtanne oder Edeltanne selbst und die wieder der echten Zeder nahe Lärche. Die Berendtsche Idee hatte aber etwas ungemein Anregendes. Sie führte in die Nähe von Bäumen, die uns auch heute noch durch ihre vielfach reiche und industriell ausgenutzte Harzproduktion bekannt waren, zugleich aber dem Studium sich allerorten noch offen darboten, so daß der Wald, wenn es wahr sein sollte, uns nochmals um ein Riesenstück näher kam. Das Bild der antiken Pinien und Zedern schob sich doch noch wieder auch zwischen die Palmen und Zimtbäume vor Jahrmillionen.

Fünf Jahre nach Berendt (1835) unterwarf der treffliche Aycke in Danzig auch solches Bernsteinholz einer mikroskopischen Prüfung, indem er nach damals neuer Methode erstmalig dünne Scheiben daraus schnitt und bei hundertfacher Vergrößerung auf ihre Feinstruktur prüfte. Er erkannte, auch ohne Fachbotaniker zu sein, die

natürlichen Harzgänge im Holze selbst und erhob damit zur ersten
Gewißheit, daß es sich um echte Teile des harzgebenden Baumes
handeln müsse. Auch ihm schien dabei fichtenähnliche Struktur
wahrscheinlich, einerlei zunächst, von was für einer damaligen engeren
Art die Reste rührten oder ob von mehreren solcher.

Inzwischen trat mit Goeppert aber auch ein wirklicher Bota=
niker an die Sache heran, der 1836 aus einer alten Sammlung ein
Stück Bernstein in die Hand bekam, in dem schwärzliche Holzteile
von Bernstein teils eingeschlossen, teils auch gradezu durchsetzt waren.
Ihm schien die Fichtennatur diesmal so klar, daß er keinen Anstand
nahm, sogleich einen festen lateinischen Namen für den Baum zu
schaffen: Pinites succinifer, also in seinem Sinne von damals un=
gefähr der „bernsteinerzeugende urweltliche Fichtenverwandte".

Unzweifelhaft wieder ein großer Moment in unserer Erzählung.
Der Baum unserer Erkenntnis zum erstenmal mit einem lateinischen
Gattungs= und Artnamen im Sinne von Linnés unsterblicher Ord=
nungstat festgelegt. Erst in diesem Augenblick schien der letzte Nebel
abzuziehen: der Märchenbaum trat in die wissenschaftliche Fach=
botanik ein, die ihn jetzt festhalten sollte mit der ganzen Kraft ihres
eigenen Zusammenhangs. Der Name selbst sollte allerdings noch
etwas Wandel erfahren.

Goeppert schien zunächst kein Anlaß, mehr als e i n e Art solcher
Bernsteinfichte anzunehmen, dann aber wurde er wieder unsicher,
glaubte aus dem Holz allein nicht weniger als acht verschiedene, zum
Teil auch auf andere Glieder dieser Nadelholzfamilie deutende Arten
herauszulesen, die er in seinem Endwerk nochmals auf fünf (neben
einer vermeintlichen Taxusart) reduzierte.

Hinein spielte dabei aber auch für ihn schon, daß neben diesem
Holz im reinen Bernstein gelegentlich auch Nadeln und Blüten ver=
schiedener Typen aus näherer oder fernerer Fichtenverwandtschaft
sichtbar wurden. Bereits der alte Bock hatte geglaubt, Fichten= und
Tannennadeln darin bemerkt zu haben, und seit 1830 kannte man
auch sichere männliche Blüten. Heute ist fest, daß tatsächlich im Bern=
steinwalde auch nach diesen Parallelfunden sowohl Kiefern und Fichten,
wie Tannen und wohl auch Lärchen gestanden haben müssen. Fragte.
sich bloß wieder, was nun davon zu dem botanisch für sich bestimm=
ten Holze gehört haben könnte. Einerseits bestand kein Beweis, daß
alles ohne weiteres daran schloß, denn neben den echten Bernstein=
koniferen konnten auch sehr entfernt verwandte Nadelhölzer der
Nähe ihre an sich unbeteiligten Blätter und Blüten eingestreut haben

gleich jenen Palmen und Zimtbäumen. Andererseits war aus der
hier auftauchenden Mannigfaltigkeit aber wahrscheinlich, daß doch auch
die Bernsteinbäume selbst zu mehreren Arten gehört haben möchten.

Diese späteren Goeppertschen Unterscheidungen sind aber nun
wieder für Conwentz nicht brauchbar. Abgesehen von dem nicht exi=
stierenden Taxusholz hält er auch die letzten fünf Holztypen für Irr=
tum, hervorgebracht durch den Mangel geeigneter Schliffe und
Schnitte im Sinne unserer nochmals verbesserten mikroskopischen
Methoden. Wende man diese Methoden mit geeignetem Material an,
so ergebe sich keinerlei zwingender Grund, aus dem Holz a l l e i n
Bestandteile mehr als einer Baumart anzunehmen. Die aufgewie=
senen Unterschiede könnten alle auf verschiedene Holzteile eines und
desselben Baumes gehen. In diesem Sinne könnte es also wieder
bei dem ersten lateinischen Namen Goepperts bleiben.

Andererseits verschließt sich aber auch Conwentz der Möglich=
k e i t nicht, daß es mehrere Bernsteinbäume gegeben habe, die nur
eben im Holz so gut wie g l e i c h gewesen sein müssen. Wie schwer es
sei, allein aus dem Holz überhaupt Unterschiede festzustellen, erhelle
u. a. daraus, daß man so nicht einmal klar erweisen könne, ob es
sich um eine echte Fichte o d e r echte Kiefer gehandelt habe. Manches
spreche gradezu auch für solche Kiefer, so daß der lateinische Name
(den Conwentz in Pinus succinifera umändert) einstweilen offen für
beide Typen gelten müsse. Ausgeschlossen seien grundsätzlich nur
Tanne und Lärche. Eine gewisse bedingte Wahrscheinlichkeit für die
Annahme mehrerer Bäume sieht auch Conwentz in den zweifellos
verschiedenartigen Nadel= und Blüteneinschlüssen.

An und für sich ist es ja auch mit diesen Einschlüssen ein etwas
seltsames Ding.

Zunächst ist keiner der verschiedenen Blatteinschlüsse (zu denen
ja auch solche Nadeln hier gehören) so viel häufiger als die andern,
daß man daraus vielleicht auf seine Zugehörigkeit zum Bernstein=
baum selber schließen könnte. Des weiteren aber sind die Nadelein=
schlüsse alle miteinander überhaupt auffällig selten. Jene losen Zy=
pressenzweiglein vom Lebensbaum finden sich unvergleichlich häu=
figer im Bernstein vor. Conwentz meint, im allgemeinen wechselten
diese Fichten, Tannen und Kiefern ja nur in langen Pausen mehrerer
Jahre ihr Laub, außerdem liege der Hauptnadelfall im Spätherbst,
wo wenig Gelegenheit sei, in fließendes Harz zu gelangen. Auch
wehten die dünnen Nadeln kaum mit dem Winde, fielen vielmehr
unmittelbar zu Boden, ohne das Stamm= und Astharz zu streifen.

Die Farbe der Bernsteinnadeln sei nicht so freudig grün wie im Leben, sondern matt, wohl weil es nie lebensfrische waren, sondern sterbende oder bereits abgestorbene. Ganz befriedigt diese Erklä= rung doch nicht, und es bleibt ein kleines Geheimnis.

Einerlei indessen, wie es sich damit verhalte, so liegen, wie ge= sagt, eine beschränkte Anzahl auch solcher Nadeln und Blüten in meist vorzüglicher Erhaltung vor, und Conwentz glaubte, aus diesem Parallelmaterial an Nadeln auch seinerseits vier verschiedene echte Kiefern im engern Sinne und eine entsprechend echte Fichte aner= kennen zu können, die alle fünf also wenigstens der Möglichkeit nach als zugehörig zu dem gleichartigen Holz und damit der Bernstein= produktion selber aufzufassen wären. Dazu kommen noch drei reine Kiefern, die durch Blüten charakterisiert sind — es liegt aber auf der Hand, daß diese Blütenarten mit dreien der Nadelarten zusammen= fallen, so daß also in Wahrheit nur jene fünf im ganzen nach dieser Seite übrig blieben.

Von den Kiefern, die völlig im Sinne von Conwentz' Neigung grade zur Kiefer die Mehrzahl bilden, ist keine Art mit unserer hei= mischen von heute identisch oder auch nur enger zugehörig. Eine gemahnt an gewisse nordamerikanische Arten, eine an die japanische Rotkiefer, eine dritte kommt unserer Zirbelkiefer (Arve) und zu= gleich dem japanischen Knieholz nahe. Die nach drei unvollständigen Nadeln bestimmte Fichte stimmt näher zu einer heutigen Art vom Amur und der Insel Jezo, womit zugleich wieder jenes heutige Ver= breitungsgesetz für Ostasien wenigstens anklingt.

Im Bilde des Gesamtwaldes denkt sich Conwentz die eigentlichen Bernsteinbäume als für sich geschlossenen Bestand, den nur hier und da andere Baumarten unterbrachen. „Die Kiefern nahmen hierin eine durchaus dominierende Stellung ein" und verliehen diesen Wald= teilen „eine freudig=grüne Farbe, mit welcher stellenweise das Grau der von den Zweigen und Ästen lang herabhängenden Bartflechten abwechselte."

Entsprechend der wenigstens nach der Nadel= und Blütenseite sicheren Verschiedenheit verteilte auch Conwentz noch einmal eine An=

Erklärung der Abbildungen auf S. 67.

Nadelholzreste als Bernsteineinschlüsse.

1. Holzsplitter, die ihre Entstehung Baumschlag oder Windbruch verdanken. Links Original=
größe, rechts vergrößert. 2. Nadelbüschel von Pinus cembrifolia. Links Originalgröße,
rechts vergrößert. 3. Teil der Innenfläche solcher Nadel bei sehr starker Vergrößerung.
4. Männliche Blüte von Pinus Reichiana. Links Originalgröße, rechts vergrößert. 5. Weib=
liche Blüte von Pinus Kleinii. Rechts Originalgröße, links vergrößert. 6. Pollenkörner
(Blütenstaub). Stark vergrößert. 7. Stark vergrößertes Stück aus 4. 8. Ebenso aus 5.
(Die Bilder nach H. Conwentz' „Monographie der baltischen Bernsteinbäume", 1890.)

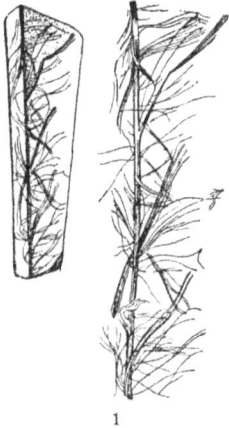

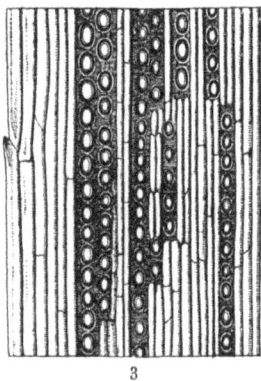

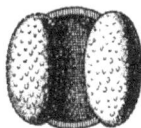

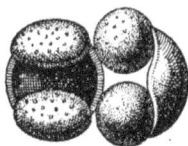

1   2   3   4   5   6   7   8

zahl engerer lateinischer Namen, natürlich doch mit dem ausgespro=
chenen Vorbehalt des Provisorischen, dem nach wie vor als wirklich
ruhender Punkt nur die alte Gesamtbezeichnung als Pinites (oder
Pinus) succinifer gegenübersteht.

Erwähnen will ich noch, daß seit Conwentz' Tagen von Gothan
neue Holzuntersuchungen vorgenommen worden sind, die es wenig=
stens diesem vorzüglichen Kenner wahrscheinlich machen, daß die echte
Fichte zum Schluß noch ganz ausscheidet und n u r Kiefernholz be=
steht. Zu diesem Holz soll dann am noch wieder nächsten die von Con=
wentz nach der Nadel bestimmte Art Pinus silvatica stimmen, die von
lebenden Typen an gewisse amerikanisch=asiatische Kiefern (Parrya)
gemahnt. Danach würde man also nur noch von „Bernsteinkiefern"
zu reden haben.

Stand so der Baum wenigstens mit sehr geringem Schwankungs=
spielraum botanisch fest, so mußte die nächste Frage sein: ob wir
nicht auch von seiner „Handlung" selbst noch etwas ablesen könnten.

Seiner großen Handlung der zum Bernstein führenden H a r z =
e r z e u g u n g.

Weniger die Einschlüsse, als vielmehr die Art dieses Bernstein=
harzes an sich mußten hier bedeutsam werden.

Knüpft der echte Succinit stets an sehr gleichartiges Holz, wo er
mit solchem verbunden auftritt, an, so ist er selber doch keineswegs
immer von gleichem Bau. Schon Plinius wußte ja von seinen ver=
schiedenen Farben, und wer wieder eine größere heutige Sammlung
bloß auf diese eigenen Differenzen mustert, der muß überrascht wer=
den durch die Wiederkehr auch gewisser unterschiedlicher Gestalten,
die ein geheimes Gesetz anzudeuten scheint.

Gewisse derbste Gegensätze ergeben sich ja offenbar aus seinem
späteren Schicksal: so, wenn der unmittelbar der Blauen Erde ent=
nommene Stein eine gleichmäßige weißliche Verwitterungshaut trägt,
während der Seestein reiner und naturglatter erscheint. Aber bei
andern muß bereits jene „Handlung" selbst mitgewirkt haben.

Seit der neuere Bernsteinbetrieb blüht, hat man dieser wechseln=
den Sorten eine Unzahl dort unterscheiden gelernt, wobei immer
doch wenige Grundtypen überwiegen, an die sich auch wieder feste
ortsübliche Bezeichnungen geheftet haben. So tritt neben den eigent=
lichen goldig klaren Stein, wie wir ihn zunächst mit dem Bilde eines
Kiefernharzes verbinden würden, der mehr oder minder auch inner=
lich getrübte. Mikroskopisch vergrößert erweist sich diese Trübung

als das Ergebnis einer großen oder geringeren Zahl miteingeschlossener
Bläschen, deren schließlich fast eine Million in einem Quadratmilli=
meter sitzen mögen bei einem eigenen Durchmesser von nur 0,0008
bis 0,004 mm. Sie führen im Übermaß zu ganz undurchsichtig
weißem „knochigem" Stein, mehr mit hell gemischt zu „buntknochi=
gem", zu „Bastard=", zu blauem, wie verdünnte Milch ausschauen=
dem oder grünem. Anderer wird in schwacher, nebliger Durch=
schleierung als „flohmig" oder kumst(kohl=)farbig bezeichnet. Während
der schönste klare als „eisfarbig" brilliert und der nächste etwas tiefer
goldige als „Braunschweiger Klar" wohl jener sein möchte, den einst
Plinius mit edlem Falernerwein verglich. Bei dem sog. „schaumigen"
Stein spielt Zusatz von Schwefelkies mit.

Dazu aber dann auch mehrere charakteristische Gestaltunter=
schiede, die für sich wieder einem Eigengesetz der regelmäßigeren
Trübung oder Durchsichtigkeit zu folgen scheinen: große flache, meist
trübe „Fliesen" und „Platten", rundliche, manchmal unten abge=
plattete, ebenfalls undurchsichtige Tropfen — endlich die feinen
klaren „Schlauben", in denen man mehrere Harzflüsse übereinander
zu sehen meint und die den eigentlichen sonnenhellen Glasschrein
jener Tier= und Pflanzeneinschlüsse darzustellen pflegen.

Wenig scheinen bei alledem doch dem flüchtigen Beschauer
diese kleinen Kontraste zu besagen — wie soll reichliches Harz nicht
bald einmal so oder so geflossen oder so oder so verunreinigt worden
oder klar geblieben sein? Wunderbar aber, wie Conwentz diesen Wechsel
aus seiner vor Jahrmillionen schon erstarrten Arbeit wieder neu zu
beleben und in Fluß zu bringen weiß, bis auch er uns ganz bestimmte
Antworten gibt.

Es ist erzählt, wie man in dem Holz des Bernsteins öfter noch
am Dünnschliff unter dem Mikroskop die Harzgänge selber erkennen
kann, in denen sich einst das Bernsteinharz ursprünglich erzeugte.
Solcher Harzgang, am eng verwandten noch lebenden Nadelholzbaum
studiert, ist in seiner einfachsten Form schlicht ein Zwischenraum aus=
einandertretender Zellen, in dem sich, vermutlich von diesen Zellen
selbst aus sich hervorgebracht, ein durchsichtiger Balsam sammelt.
In anderm Falle kann er aber auch entstehen durch Auflösung be=
nachbarter Zellen selbst, wobei sein Inhalt sich durch Zellsaft zu
trüben pflegt. Und in gesteigerter Harzproduktion mag das zur
Verharzung und Zerstörung ganzer Gewebe und Bildung großer
linsenförmiger Hohlräume führen, in denen der flüssige Harzbalsam
sich wie in natürlichen Tanks, sog. „Harzgallen", anstaut. Das Schick=

fal all dieſer inneren Harzbeſtände aber muß auf Lebensdauer des Baumes ein ſehr verſchiedenes ſein. Bald mögen ſie zeitlebens ſo im Innern verharren und ſich dort immer mehr zu dauerfeſtem Harz verhärten, bis endlich am Ende ſeiner Tage der ganze Baum zer= morſcht und die nun nicht mehr löslichen ſteinhaften Einlagen her= ausfallen und als loſer Stein am Fleck liegen bleiben. Oder durch irgendeine Urſache wird gelegentlich der noch friſche Baum äußer= lich angeſchlagen werden und das noch bewegliche Harz dann ſchon als ſolches zum Ausfluß kommen.

Wenden wir dieſes noch heute gültige Bild aber auf unſere ver= ſchiedenartigen Bernſteintypen an, ſo ergibt ſich alsbald die hüb= ſcheſte Deutung.

Unſere auch heute oft noch ſo zuſammenhängend dicken Flieſen und Platten, flach, etwas ausgewölbt oder beiderſeitig eben, nicht ſelten noch Abdrücke des anliegenden Innenholzes ſelber zeigend, ſind erſichtlich ſolches ungeſtört in der Baumtiefe verhärtete Gang= und Gallenharz, durchweg trüb, da meiſt aus ſolcher Zellauflöſung infiziert, und ohne Tier= und Blatteinſchlüſſe, die ja hier ins ver= ſchloſſene Holz nicht leicht gelangen konnten.

In den mannigfachen andern Formen und Farben unſerer Bern= ſteinſammlungen aber ſpiegeln ſich ebenſo getreu die Abenteuer des noch zu Baumlebzeiten angeſchlagenen und nach außen abgeſtrömten Harzquells. Auch er kam zunächſt wohl mehr oder minder trüb hervor, ſei es, daß er ſchon mit Zellſaft im Innern verſetzt worden war, oder daß er ſich an der Wunde ſelbſt regelmäßig infizierte und entſprechenden Bläscheninhalt erhielt. So mochte noch an der Aus= flußſtelle „knochiges" oder „flohmiges" Harz entſtehen entſprechend dieſem erſten milchigen Fluß. Recht zäh und träge war wohl zu= meiſt auch noch dieſer erſte Fluß. Gern mochte er auch große trübe Tropfen bilden, wenn die Wunde klein war und abwärts entleerte, die ſich dann herabfallend und aufſtoßend oft unten abplatteten. Und erſt wenn die warme Sonne eine Weile auf die harzende Stelle gebrannt, wurde die Konſiſtenz loſer, dünnflüſſiger, während zugleich dieſe Er= hitzung die eingeſchloſſenen Bläschen gleichſam wieder herauskochte. Jetzt erſt erſchien in Zapfen und „Schlauben" das ganz reine Harz, wie es unſere Freude noch iſt, das des „goldigen" und „eisklaren" Schmuckbernſteins. „In dieſem leichtflüſſigen Stadium tropfte das Harz entweder frei herunter oder es floß auf einer geneigten Fläche herab. Im erſteren Falle bildeten ſich Zapfen, um welche herum immer neue Lagen floſſen, ſo daß ſie ſich dauernd vergrößerten und

ſtalaktitenähnlich die Äſte und Zweige der Bernſteinbäume beklei=
deten. Dieſes Anwachſen geſchah nicht in raſcher Folge, ſondern all=
mählich, da ſich noch heute die einzelnen Schichten der Succinitzapfen
deutlich erkennen laſſen. Es iſt alſo jeder Umfluß erſt mehr oder
weniger erhärtet, ehe ein neuer erfolgte, was immerhin auf eine
gewiſſe Zeitintervalle ſchließen läßt. Im andern Falle bildeten ſich
am Stamm oder Aſt nahezu ebene oder ſchwach gewölbte Lamellen
nacheinander und übereinander, die ſog. Schlauben des Handels."

Grade dieſes letzte Stadium mußte aber wieder das unbedingt
geeignetſte ſein für das Einbalſamieren angeflogener Inſekten oder
Pflanzenblüten. Was der von innen nach außen wachſende Tropfen
noch nicht erreichte, war ja hier aufs ſchönſte gegeben: neuer nach=
helfender Überguß auf das ſchon angeklebte Objekt, der es erſt wirk=
lich ins Innere brachte und den gläſernen Sarg über ihm ſchloß.
Wobei man ſich denken mag, daß Glanz und Farbe des anquellenden
Harzes ſelber Inſekten gradezu herangelockt haben mögen.

Auch zu all dieſen letzten Vorgängen bedarf es aber nicht beſon=
derer Urweltsphantaſie. Wie das Dauerharz noch heute im Innern
erhärtet, ſo ſtrömt das angezapfte an unſern Kiefern auch heute
noch milchig aus, klärt ſich an der Sonne und ſtellt Doppelübergüſſe
her, in denen noch immer beſonders Ameiſen gelegentlich in ganzen
Scharen eingeſargt werden, wenn auch niemand jetzt nach ihnen als
Kurioſität fragt. Es iſt ein Genuß zu leſen, wie Conwentz immer
wieder das Urälteſte ſo aus dem Neueſten zieht und erklärt.

Tropfte endlich auch das dünnflüſſig gewordene Harz ganz bis
auf den dunkeln Waldmull des Bodens hinunter und verband ſich
mit ihm, ſo entſtand jene an Qualität heute geringſte, aber als Maſſe
eine große Handelsrolle ſpielende verunreinigte Bernſteinſorte, die
man als „Firnis" nur zu Lack verwertet. Dem Geologen bietet grade
ſie doch das ſeltene Schauſpiel eines erhaltenen alttertiären Wald=
bodens.

Aber wieder eine Beobachtung drängte ſich Conwentz bei dieſem
ganzen auf, die wie mit einem Schlage nun das Bild des Waldes in
Freud und Leid ſeiner Tage geradezu faſzinierend vor uns auf=
erſtehen läßt.

Erwägt man die ungeheure Maſſe des erhaltenen Bernſteins, ſo
wird man leicht doch einen Augenblick ſtutzig. Selbſt wenn man viele
Jahrhunderte des Beſtandes am gleichen Fleck annimmt, erſcheint
zweifelhaft, ob einfache Kiefern und Fichten von immerhin nächſter

Verwandtschaft zu unsern heutigen je solchen Reichtum hätten er=
zeugen können. Man möchte denken, in der ungeheuren Harz=
produktion müßten jene Bernsteinarten doch noch etwas ganz Be=
sonderes voraus gehabt haben. Der nächste Befund scheint indessen
dagegen zu sprechen. Untersucht man jene einfachsten normalen
Harzgänge im Bernsteinholz, so sind sie vielleicht ein klein wenig
weiter und zahlreicher als heute, aber doch nicht entfernt im Ausmaß
jener Forderung. An der Art der Bäume kann es also nicht gelegen
haben. Aber um so aufdringlicher macht sich dafür etwas anderes
geltend, was nun allerdings auch wieder sehr interessant ist.

Auf Schritt und Tritt zeigen sich in dem Bernsteinholz auch die
Spuren individueller Besonderheiten, was Harzproduktion an=
belangt. Alle jene großen Gewebeverharzungen und Harztanks,
denen wir doch unsere wertvollen Platten und Fliesen danken, wür=
den nach heutigem Bilde so etwas andeuten. Wo sie heute auf=
treten, deuten sie stets auf eine abnorme, mehr oder minder krank=
hafte Überproduktion des betreffenden Einzelbaums an Harz.
Man könnte sich denken, daß solche persönliche Mehrarbeit, damals
auf den Wald weithin verbreitet, die Masse des nachmaligen Bern=
steins erklärte.

Die Frage entsteht aber, was diese krankhafte Produktion her=
vorgerufen haben könnte. Und Conwentz hat darauf nur eine
Antwort, wieder nach dem heutigen Waldbild. Solche enorme Harz=
bildung bei Einzelbäumen steht immer in einem graden Verhältnis
zu äußern Angriffen und Schädigungen, die der Baum im
Einzelfall erfährt. Je mehr äußerliche Schäden, desto verschwende=
rischer beginnt er innerlich Harz zu produzieren. Ursprünglich mag
das noch auf ein gesundes Naturheilverfahren hinauslaufen, schließ=
lich wird's aber selber eine Krankheit. Denn „obwohl der Harz=
erguß insofern vorteilhaft für die Pflanze ist, als er deren Wunden
gegen atmosphärische und andere Einflüsse schützt und bei Verkie=
mung der benachbarten Gewebeteile die Wandungen der Zellen für
Wasser unwegsam macht, so hat er doch auch die üble Folge für den
Baum, daß er diesen schwächt und schließlich zugrunde richtet". Grade
jene Harzgallen nisten sich mit Liebe im ohnehin schon krankhaften
Wuchergewebe nach Verwundungen ein. Je wilder, einsamer, kultur=
ferner ein Wald den Angriffen aller drei Naturreiche in tausend
Leiden ausgesetzt ist, desto mehr wird auch diese Harzkrankheit ihn
allgemein beherrschen. Zuletzt so, daß kein Einzelbaum mehr darin
ganz intakt ist.

Hier aber nun wieder Conwentz' einfacher und zugleich bedeut=
samer Schluß. Auch der Bernsteinwald muß in solchem schonungs=
losen Kampf ersten Ranges gestanden haben, der sich in einer wahr=
haft kolossen Harzüberproduktion äußerte. Für den Bernstein aus=
schließlich dieses Waldes hatte Conwentz das Fremdwort „Succinit"
geprägt. So lehrt er uns jetzt: der ganze Wald muß an S u c c i n o s e
gelitten haben — an der „Bernsteinkrankheit", in dem Sinne, daß
er zu seiner Zeit sehr viel mehr Harz, das später zu Bernstein wurde,
produzierte, als normal seiner Art zukam. Auch in ihm muß es in
dieser Bedeutung wohl kaum einen gesunden Baum gegeben
haben. Keinen, der nicht innerlich und äußerlich litt. Nicht
das Normale, sondern das Pathologische war in ihm die Regel.
Wie Gichtsalze lagerte sich die überzählige Harzmasse bald im Innern
der Stämme ab, bald floß sie in förmlichen Kaskaden aus. Immer
aber als zuletzt sinnlose Überproduktion. Die aber für uns eben das
Wunder doch bewirkt hat unseres unermeßlichen heutigen Bernstein=
horts, den jetzt die Kultur abbaut. Unwillkürlich muß man an die
Perlen denken, die in der Muschel auch etwas Krankhaftem (Ab=
kapselung unliebsamer Fremdkörper) verdankt werden. Bloß daß
wir dort noch von einer urweltlichen Krankheit zehren.

Inzwischen bleibt dem genialen Deuter selbst nur noch eines
übrig: uns auch von der A r t dieser äußern A n g r i f f e noch
ein lebendiges Bild zu geben, die vor Millionen von Jahren jene
Bäume in ihre unglückliche Reaktion trieben. Er ist der Ansicht, daß der
Bernstein teils selbst, teils in seinen Einschlüssen auch darüber ganz
genau schon für uns Buch geführt hat.

Was bedroht nicht noch heute alles solchen wilden, sich selbst
überlassenen Urwaldbaum! Schon die jedem Forstmann bekannte
„Ästung" oder „Reinigung", bei der dicht gedrängt aufwachsende
Stämme ihre untern, schlecht belichteten und funktionslosen Äste
eintrocknen lassen und bei geringster Erschütterung verlieren, muß
fast normal massenhafte kleine Wunden geschlagen haben, die im
günstigsten Fall verwachsen oder durch Harzpflaster wirklich ver=
schlossen werden konnten, aber doch auch vielfach schädigende Para=
sitensporen einließen. Viel schlimmer aber wüteten gewisse auch un=
ausbleibliche Gewaltereignisse. „Alte, abgestorbene Bäume senkten
sich zu Boden und streiften und knickten die Zweige anderer Bäume
im weiten Umkreis, um dann mit der ganzen Wucht ihres Körpers
auf alles das niederzufallen, was ihnen in ihrer Fallrichtung ent=
gegenstand. Mit Vehemenz schlugen sie an die Nachbarstämme an,

riffen ihre Borke auf weite Strecken hin ab und verletzten stellenweise auch den Holzkörper selbst. Auch heftigere Winde und Orkane zogen über den Bernsteinwald und richteten in demselben die schlimmsten Verheerungen an. Was die Natur durch Jahrhunderte an Herrlichem und Großartigem geschaffen, wurde im Verlauf weniger Augenblicke durch ein furchtbares Element zerstört. Ein Wirbelwind setzte sich in die mächtige Krone und drehte sie auf ihrem Stamm in kürzester Zeit ab; die stärksten Bäume wurden wie Grashalme über dem Boden geknickt und, gleich gewaltigen Streichhölzern, kreuz und quer durcheinandergeworfen. Andere Bäume wurden mit ihren Wur= zeln aus der Erde gehoben und auf weite Strecken durch die Luft gewirbelt, bis sie zu Boden fielen oder an irgendeinem noch auf= rechten Baum hängen blieben." Es wirkt bewundernswert, wie Conwentz grade das Toben auch solcher Ereignisse im Bernsteinwald mit dem Auge des Kenners und Sehers zugleich aus winzigsten Holz= splitterchen abliest, die sich ab und zu im Bernstein erhalten haben. Es sind kantige oder flache Splitter mit zerrissenen und ausgefaserten Rändern. Oft mehrere beieinander, was für frühere Verbindung spricht. Jedenfalls müssen gewaltige Kräfte das Holz zerrissen haben. Im Mikroskop erweisen sich die Riß= und Bruchflächen als ganz frisch, ohne jeden Anflug von Staub, Spinngewebe oder Pilzen. Das Zerreißen des Holzes muß bereits am lebenden Baum erfolgt sein. So liegt der Schluß auf Baumschlag und Windbruch auf der Hand. Die Splitter aus Baumschlag mögen dabei die einfacheren sein gegen= über denen aus Windbruch.

„Zu andern Zeiten herrschte wohl eine drückende Schwüle im Bernsteinwald, und heftige Gewitter entluden sich über demselben. Blitze schlugen in die Baumkrone oder in einen alten Aststumpf und sprengten dann auf weite Strecken hin die Rinde ab, deren Fetzen teilweise an den Wundrändern hängen blieben und frei in die Luft hineinragten; auch der Holzkörper wurde gespalten und die heraus= gerissenen Holzsplitter flogen, samt einzelnen Rindenfetzen, weit fort. Zuweilen fuhr ein Blitzstrahl in einen absterbenden Baum oder auch in pilzkrankes Holz und bewirkte hier eine Entzündung. Das Feuer ergriff nicht nur den getroffenen Stamm und die Nachbar= stämme, sondern lief auch am Boden hin und verzehrte das auf dem= selben lagernde, trockene Material. Auch das von Mulm und Moos umgebene alte Harz der Bäume wurde vom Feuer erfaßt, konnte aber nicht hell aufflammen, sondern schwelte unter der schützenden Decke nur langsam fort und setzte eine schwärzliche Rinde an." Der unmittelbare Nachweis von Blitzſchlag im Bernſteinwalde bildet den höchſten Triumph jener minutiöſen Splitterforſchung. Einwirkung der Elektrizität lockert nämlich nicht bloß den Zuſammenhang der Zellſchichten in ſolchem Splitter, ſondern zerreißt, indem die ſpren= gende Kraft von innen nach außen wirkt, auch die Zellen ſelbſt. Auch ſolche Holzſplitter mit durchriſſener Zellmembran bieten ſich aber unter dem Mikroſkop aus dem Bernſteinwald dar. Mit ſchwarzer Brandrinde verſehener Bernſtein liegt ebenfalls vor, und Conwentz konnte experimentell nachmachen, daß ſolcher Stein in glimmendem Moos und Holzmehl noch heute nicht ſchmilzt, ſondern eben dieſe charakteriſtiſche Rinde anſetzt.

Die winzige Beobachtung wirkt ſelber wie ein Blitz — greifbar deutlich ſteht der Wald vor uns, während die Wetterwolke über ihm dräut.

Überall, oft in verheerendem Maſſenangriff, müſſen ferner die Tiere des Waldes die Bäume bedroht haben. „Der Bernſteinwald wurde von einer ſehr reichen Tierwelt belebt, denn Inſekten und Spinnen, Schnecken und Krebſe, Vögel und Säugetiere hielten ſich hier auf, ganz wie in den Wäldern der Jetztzeit. Das Leben der meiſten ſtand in inniger Beziehung zum Leben der Bernſteinbäume, und es gibt unter ihnen viele, welche den grünen Baum ſchädigten, während andere das tote Holz angegriffen haben. Größere Tiere brachen mutwillig und unabſichtlich Äſte ab und verletzten durch ihren Tritt die zutage liegenden Wurzeln. Eichhörnchen ſprangen munter von Zweig zu Zweig und ſchälten die junge Rinde derſelben. Die Stille des Waldes wurde vom Klopfen des Spechts unterbrochen, welcher in der Rinde und im Holz der Bernſteinbäume nach Inſekten ſuchte, auch wohl Höhlen zum Nachtaufenthalt und zum Brutgeſchäft in das Innere hineinzimmerte.“ Auf die Exiſtenz von Eichhörnchen ſchloß Conwentz nach Haarproben im Bernſtein, doch ſcheinen letztere eher von einem kletternden Beuteltier, einem Beutelſpitzhörnchen, zu ſtammen, wie es als ſehr fremdartiger, heute auſtraliſcher Gaſt damals auch bei uns noch heimiſch ſein konnte. Immerhin gehen auch die echten Eichhornvorfahren bis ins Eozän.

Auf das rote Käppchen des Buntſpechts ſchien eine rote Feder im Harz zu deuten. Da der Stammbaum der Vögel im Alttertiär ſchon weitgehend vollendet war, ſteht auch dem nicht viel im Wege. Gewiſſe böſe Viehbremſen der Einſchlüſſe laſſen auf mancherlei ſo nur ſchattenhaft für uns auftauchende Ungeheuer ſchließen. Man muß denken, daß es die Zeit der ſeltſamen tapirähnlichen Paläo=

therien, der wie Nilpferde im Sumpf hausenden Anoplotherien und an geweihlose Hirsche erinnernden Xiphodonten war.

Vollends aber wüteten die Schlimmsten der Schlimmen, was Waldverderb angeht: Tausende von Insekten schwirrten im Wald und befielen die Pflanzen. Nicht umsonst hat uns der Bernstein so treu die Musterkarte dieser Kleinen, aber Zähen und durch uner=schöpfliche Masse Wirkenden bewahrt. Es ist wie mit Fleiß auch die fast vollkommene Liste aller heute noch wütenden Baumzerstörer. Bastkäfer, die Meister der Waldvernichtung, bohrten gesunde und kranke Stämme an, brachten die lädierten rasch zum Absterben und machten junge Individuen zu Krüppeln. Wo sie immer sich zeigten, da troff das Harz. Larven der Pochkäfer, Böcke und farbig glän=zenden Buprestiden durchnagten nach allen Richtungen das Holz. „Wo durch Windbruch große Mengen frischen Holzes gefallen waren, blieb der Borkenkäfer nicht aus; er entwickelte sich in einer enormen Fülle und zerstörte im Verein mit Pilzen nicht nur das gesamte ge=brochene Material, sondern griff auch die weniger beschädigten, stehen=den Bäume in der weiteren Umgebung an. Auf diese Weise wurden die Windrißlöcher zu Brutstätten für Käfer und andere Insekten, so=wie zu Infektionsherden für parasitische und saprophytische Pilze. Nachdem dieses ganze Material, unter steter Einwirkung der Atmo=sphärilien, von Pilzen und Insekten verarbeitet war, konnte der junge Anflug in der entstandenen Lücke aufkommen und dieselbe im Laufe größerer Zeiträume wieder ausfüllen; aber in derselben Zeit hatten gewiß anderswo schon andere Beschädigungen Platz gegriffen." Gall=mücken und Wicklerraupen schädigten die Nadeln. Von Hymenopteren florierten die Kiefernschädlinge Blattwespe und Holzwespe. Baum=läuse bedeckten Stämme und Äste und gaben mit den Stichen ihrer langen Schnäbel vielleicht grade zu jenem falschen Wuchergewebe Anlaß, das dann das vermehrte Harz durchsetzte. Schließlich ragten massenhaft tote Baumskelette, deren abblätternde graue Patina sich auch noch im Bernstein zeigt.

Wo aber von diesem konzentrierten Riesenangriff rücksichtslos so in die Baumfesten Bresche um Bresche, Tor um Tor geschlagen war, da wanderten nun wieder die bösen zehrenden Schmarotzer des eigenen, aber diesmal auch feindlichen Pflanzengeschlechts ein. Um=sonst suchte der Harzfluß zu heilen, rascher als er waren jene Pilze der unterschiedlichsten Art. Feucht, wie die Luft des warmen Waldes gewesen sein muß (die vielen Sumpfinsekten und die üppige Leber=moosflora sprechen beredt genug davon), „wurden nach und nach

alle Bäume von einem oder dem anderen, oft auch mehreren Para=
siten gleichzeitig befallen, welche zwar langsam, aber mit töblicher
Gewißheit ihr Zerstörungswerk fortsetzten und vollendeten. Durch
ein Astloch oder eine andere offene Wunde, zuweilen auch durch die
Wurzel, drang das Myzel immer weiter in das Innere und führte ein
allmähliches Absterben des Holzes von innen nach außen herbei".
Der Pilz der Rotfäule und andere fatalsten Feinde noch unserer Forst=
wirtschaft sind ausdrücklich nachgewiesen. Wozu noch höhere Ge=
wächse in Gestalt von schmarotzernden Mistelverwandten örtlich die
Rinde absterben machten.

Im ganzen wirklich ein fast schauerliches Bild. Unerbittlich
wütete die Natur selber gegen ihren Zauberwald. Und in seiner
Not troff und troff er von Harz, daß der Heilversuch schließlich fast
schlimmer noch auslief wie der äußere Angriff selbst. Hatten in den
zermorschten Generationen dann auch die letzten Totengräber ihr
Schlußwerk getan, so blieb immer wieder nur das versteinte Harz
selber als wahrer unzerstörbarer Widerstandsrest übrig und durch=
setzte den Kirchhofsboden. Wer sagt, wieviel Jahrtausende lang.
Bis endlich eine Generation dann überhaupt wohl die letzte gewesen
ist. Nur noch solches Grab vielleicht hinterlassen hat. Wo dann wieder
jahrhundertelang nur beim Wühlen in der Scholle eben am Harz=
inhalt noch der alte Waldgrund sich verraten hätte ... Oder leckten
doch schon früher die allmählich schwellenden Wasser der neuen sich
ankündigenden Urweltsperiode mahnend über das sinkende Land?
Brachen noch allerletzten Wald selber, indem sie zugleich doch auch
alle jene Bernsteinlager seiner früheren Folgen neu aufwühlten, ab=
trugen, verschwemmten ...?

Wer will in den Schluß des Märchens noch hineinschauen?

Hier macht sich plötzlich geltend, daß wir in Millionenfernen
wandeln.

In einer dämmernden Vision zuletzt doch wieder, von der uns
unendliche rauschende blaue Wasser der Zeit trennen. Wo wir noch
nicht hingehörten. Noch kein Mensch wirklich war, das leise Rauschen
dieses aufgrünenden und sterbenden Wunderwaldes zu vernehmen
in seiner Melodie der Einsamkeit.

Nur die Sonne, die sein Goldharz klärte, war auch unsere.

Die „Sonne Homers", wie der Dichter sagt — „siehe, sie lächelt
auch uns".

Sie glänzte damals über ihrem Walde vor allem Menschen=

denken — wie sie heute, Geist geworden, aus unserer Erkenntnis leuchtet ...

Ich bin am Schluß von Conwentz' Schilderung, wie meiner eigenen.

Möchte der Leser, der mir gefolgt, doch auch etwas von der A r b e i t mitempfunden haben, die solchem wissenschaftlichen Bilde, wenn es nachher wie ein schönes buntes Phantasiewerk neu herauf= beschworen dasteht, alle Male, wenn diese Schlußleistung wirklich eine echte sein soll, vorangegangen sein muß, — Arbeit selber langer ringender Jahrhunderte im Blätterwalde des Menschengeistes — wie hier von dem schlichten Keim des Gedankens bei dem alten Plinius, daß dieser goldene Stein ein Tröpflein irgendwo einmal vergossenen Harzes sei, bis zum Wühlen des Sturmes in einem wiedererstandenen wilden Walde der Eozänzeit!

Während er sich zugleich einmal wieder vergegenwärtigt haben soll, wie jedes wissenschaftliche Problem solcher Art seinen inneren Anstieg hat von Nacht zu Licht. Vielleicht doch eine Gewähr, daß auch unsere Geisteskultur im ganzen steigt.

Das Umschlagbild dieses Bändchens ist natürlich künstlerische Phantasie. Es zeigt als Vordergrund eine ziemlich bewegte Meeresfläche und dahinter, wie eine Art Fata Morgana in der Luft schwebend, den „Bernsteinwald".

www.ingramcontent.com/pod-product-compliance
Lightning Source LLC
Chambersburg PA
CBHW030239230326
41458CB00093B/416